Times Tables Mastery

Christine R. Draper

© achieve2day, Slough, 2014

ISBN: 978-1-909986-04-6

About the Times Tables

Multiplication is the adding of groups. So 3 x 6 means three groups of six. Therefore, multiplication is the same as repeated addition. So 3 x 6 is the same as adding three six times.

So, if I had three baskets of six apples; to find the total I could add three apples six times, or I could multiply three by six. So multiplication is simply a way of adding a number multiple times.

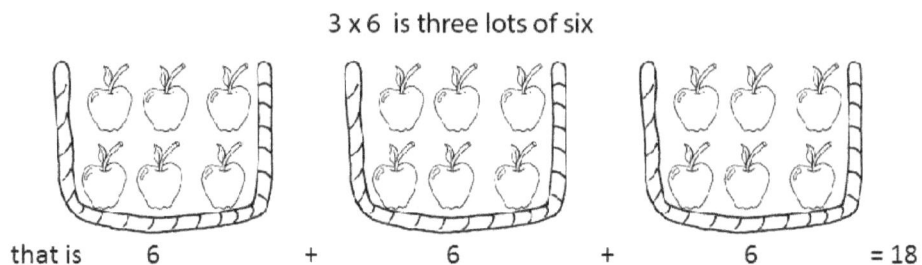

3 x 6 is three lots of six

that is   6   +   6   +   6   = 18

In multiplication it doesn't matter what order the numbers are in, the answer will be the same. So 3 x 6 is the same as 6 x 3. This is useful as it means that we only need to learn 66 times table statements.

So, if I have three baskets of six apples or six baskets of three apples I will have the same number of apples.

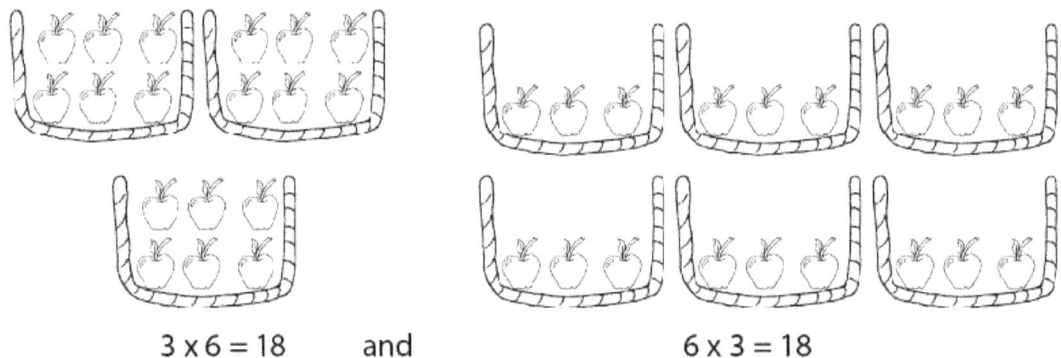

3 x 6 = 18   and   6 x 3 = 18

Division is like sharing. It looks at how many groups can be made. Therefore 18 ÷ 6 means how many groups of six in 18. While multiplication is repeated addition, division is repeated subtraction.

So, if I have eighteen apples and I need to put them in groups of six, this is the same as 18 ÷ 6.

However, unlike multiplication it does matter what order the numbers are in.

Learning the times tables

There are a number of ways of learning the times tables. As every one is different, you need to use the methods that work best for you. However, after learning them you must be able to answer any times tables question quickly. Therefore these two principles guide how this book is written:

1. You need to be able to answer the times tables randomly – not by reciting the numbers from one.
2. Practice helps everyone.

Here is a list of tips and techniques that may help you to learn the times tables quicker:

- Chant the times tables, clap and say them to a beat. You could even bounce a ball.
- Make cards with the times table questions and the answers. Then play "snap" with them, or a memory game.
- Make up your own songs, stories or nonsense poems (see below).
- Use computer games, quizzes or apps.
- Sing times table songs.

There are some books that contain stories or rhymes for every times table. However, this can lead to confusion as children try and remember 144 rhymes and stories. However, when doing the write - cover - check exercises, it can be useful to make up silly rhymes for any that you have trouble remembering. For example:

> *Number six fell on the floor*
> *Six times four is twenty-four.*

If you want some computer games and quizzes to supplement the material in this book, please go to: www.timestables.info.

A Sixteen week course

This book can be completed as a sixteen week course.

The weeks that you are learning a times table follow this pattern:

Day 1: Write cover check page

Days 2 - 5: Complete one practice exercise.

The weeks that you are revising two or more of the times tables follow this pattern:

Days 1-4: Complete one exercise

Day 5: Complete exercise of word problems.

The schedule for the 16 week course, with page numbers, is:

Zero and One Times Tables

If you have no lots of anything then you have nothing. So zero times anything is zero. For example, if there are seven people on a basketball team and you have no teams, then you have no players; so 7 x 0 = 0. Or, if oranges cost 20 cents each and you buy none, then it will cost you nothing; so 20 x 0 = 0.

In the times tables, the number one acts as a mirror and the other number stays the same. This makes number one so easy, that we are not even going to have a practice exercise on number one, just write, cover, check.

1 x 4 = 4

One Times Tables – Write, Cover, Check

The first column contains the one times table. Write each in the second column. Then, cover the first two columns and see if you can write it in the third column. Then see if you can work out the corresponding division questions.

1 x 1 = 1	*1 x 1 = 1*	*1 x 1 = 1*	1 ÷ 1 = _1_
2 x 1 = 2			2 ÷ 1 = ____
3 x 1 = 2			3 ÷ 1 = ____
4 x 1 = 4			4 ÷ 1 = ____
5 x 1 = 5			5 ÷ 1 = ____
6 x 1 = 6			6 ÷ 1 = ____
7 x 1 = 7			7 ÷ 1 = ____
8 x 1 = 8			8 ÷ 1 = ____
9 x 1 = 9			9 ÷ 1 = ____
10 x 1 = 10			10 ÷ 1 = ____
11 x 1 = 11			11 ÷ 1 = ____
12 x 1 = 12			12 ÷ 1 = ____

Score = $\frac{}{12}$ Score = $\frac{}{12}$

Two Times Tables – Write, Cover, Check

The first column contains the two times table. Write each in the second column. Then, cover the first two columns and see if you can write it in the third column. Then see if you can work out the corresponding division questions. When you have finished you have lots of mixed practice on the next page. Multiplying something by two is often referred to as doubling.

$1 \times 2 = 2$	_____	_____	$2 \div 2 =$ _____
$2 \times 2 = 4$	_____	_____	$4 \div 2 =$ _____
$3 \times 2 = 6$	_____	_____	$6 \div 2 =$ _____
$4 \times 2 = 8$	_____	_____	$8 \div 2 =$ _____
$5 \times 2 = 10$	_____	_____	$10 \div 2 =$ _____
$6 \times 2 = 12$	_____	_____	$12 \div 2 =$ _____
$7 \times 2 = 14$	_____	_____	$14 \div 2 =$ _____
$8 \times 2 = 16$	_____	_____	$16 \div 2 =$ _____
$9 \times 2 = 18$	_____	_____	$18 \div 2 =$ _____
$10 \times 2 = 20$	_____	_____	$20 \div 2 =$ _____
$11 \times 2 = 22$	_____	_____	$22 \div 2 =$ _____
$12 \times 2 = 24$	_____	_____	$24 \div 2 =$ _____

Score $= \dfrac{}{12}$ Score $= \dfrac{}{12}$

Two Times Tables – Practice

Exercise 1

6 x 2 = _____
2 x 9 = _____
2 x 7 = _____
2 x 2 = _____
2 x 4 = _____
9 x 2 = _____
3 x 2 = _____
0 x 2 = _____
2 x 2 = _____
2 x 11 = _____
2 x 3 = _____
2 x 8 = _____
2 x1 = _____
2 x 6 = _____
2 x 10 = _____
1 x 2 = _____
7 x 2 = _____
11 x 2 = _____
5 x 2 = _____
10 x 2 = _____
2 x 12 = _____
8 x 2 = _____
2 x 5 = _____
12 x 2 = _____
4 x 2 = _____

Score = $\frac{\quad}{25}$

Exercise 2

2 x 8 = _____
2 x 7 = _____
2 x 3 = _____
12 x 2 = _____
9 x 2 = _____
7 x 2 = _____
3 x 2 = _____
2 x 4 = _____
2 x 9 = _____
2 x 5 = _____
6 x 2 = _____
2 x 11 = _____
2 x 10 = _____
2 x 12 = _____
2 x1 = _____
0 x 2 = _____
4 x 2 = _____
2 x 2 = _____
5 x 2 = _____
8 x 2 = _____
2 x 2 = _____
11 x 2 = _____
1 x 2 = _____
2 x 6 = _____
10 x 2 = _____

Score = $\frac{\quad}{25}$

Exercise 3

7 x 2 = _____
2 x 3 = _____
2 x 8 = _____
2 x 2 = _____
8 x 2 = _____
2 x 5 = _____
10 x 2 = _____
11 x 2 = _____
9 x 2 = _____
6 x 2 = _____
5 x 2 = _____
2 x 4 = _____
2 x 2 = _____
2 x 7 = _____
2 x 10 = _____
12 x 2 = _____
2 x 9 = _____
4 x 2 = _____
3 x 2 = _____
2 x 11 = _____
2 x 12 = _____
1 x 2 = _____
2 x 6 = _____
2 x1 = _____
0 x 2 = _____

Score = $\frac{\quad}{25}$

Exercise 4

20 ÷ 2 = _____
14 ÷ 2 = _____
4 ÷ 2 = _____
18 ÷ 2 = _____
12 ÷ 2 = _____
2 ÷ 2 = _____
8 ÷ 2 = _____
22 ÷ 2 = _____
10 ÷ 2 = _____
20 ÷ 2 = _____
8 ÷ 2 = _____
6 ÷ 2 = _____
2÷ 1 = _____
16 ÷ 2 = _____
22 ÷ 2 = _____
24 ÷ 2 = _____
16 ÷ 2 = _____
4 ÷ 2 = _____
12 ÷ 2 = _____
10 ÷ 2 = _____
2 ÷ 2 = _____
14 ÷ 2 = _____
18 ÷ 2 = _____
24 ÷ 2 = _____
6 ÷ 2 = _____

Score = $\frac{\quad}{25}$

Five Times Tables – Write, Cover, Check

The five times tables always end with a zero or a five. To work out the even number, halve the number and add a zero. For example, if I want to work out 8 x 5 = ? Eight is even, so we can divide eight by two giving four and then add a zero. Therefore 8 x 5 = 40. If I want to work out 9 x 5, I can work out 8 x 5 and then add a five. Therefore 9 x 5 = 45.

1 x 5 = 5	_____	_____	5 ÷ 5 = _____
2 x 5 = 10	_____	_____	10 ÷ 5 = _____
3 x 5 = 15	_____	_____	15 ÷ 5 = _____
4 x 5 = 20	_____	_____	20 ÷ 5 = _____
5 x 5 = 25	_____	_____	25 ÷ 5 = _____
6 x 5 = 30	_____	_____	30 ÷ 5 = _____
7 x 5 = 35	_____	_____	35 ÷ 5 = _____
8 x 5 = 40	_____	_____	40 ÷ 5 = _____
9 x 5 = 45	_____	_____	45 ÷ 5 = _____
10 x 5 = 50	_____	_____	50 ÷ 5 = _____
11 x 5 = 55	_____	_____	55 ÷ 5 = _____
12 x 5 = 60	_____	_____	60 ÷ 5 = _____

$$\text{Score} = \frac{}{12} \qquad \text{Score} = \frac{}{12}$$

Five Times Tables – Practice

Exercise 5	Exercise 6	Exercise 7	Exercise 8
5 x 5 = _____	5 x 3 = _____	5 x 5 = _____	5 ÷ 1 = _____
8 x 5 = _____	5 x 11 = _____	1 x 5 = _____	35 ÷ 5 = _____
1 x 5 = _____	5 x 5 = _____	6 x 5 = _____	60 ÷ 5 = _____
5 x 3 = _____	3 x 5 = _____	5 x 8 = _____	55 ÷ 5 = _____
5 x 6 = _____	4 x 5 = _____	9 x 5 = _____	50 ÷ 5 = _____
5 x 2 = _____	5 x 6 = _____	5 x 6 = _____	30 ÷ 5 = _____
6 x 5 = _____	7 x 5 = _____	11 x 5 = _____	10 ÷ 5 = _____
12 x 5 = _____	0 x 5 = _____	5 x 4 = _____	40 ÷ 5 = _____
5 x1 = _____	5 x 5 = _____	5 x 11 = _____	45 ÷ 5 = _____
3 x 5 = _____	6 x 5 = _____	2 x 5 = _____	30 ÷ 5 = _____
5 x 5 = _____	5 x 7 = _____	5 x 12 = _____	35 ÷ 5 = _____
10 x 5 = _____	5 x 4 = _____	5 x 7 = _____	25 ÷ 5 = _____
4 x 5 = _____	1 x 5 = _____	4 x 5 = _____	40 ÷ 5 = _____
5 x 8 = _____	12 x 5 = _____	10 x 5 = _____	50 ÷ 5 = _____
11 x 5 = _____	2 x 5 = _____	8 x 5 = _____	10 ÷ 5 = _____
5 x 4 = _____	5 x1 = _____	7 x 5 = _____	5 ÷ 5 = _____
5 x 7 = _____	9 x 5 = _____	5 x 3 = _____	15 ÷ 5 = _____
2 x 5 = _____	5 x 9 = _____	5 x 10 = _____	45 ÷ 5 = _____
5 x 11 = _____	5 x 8 = _____	12 x 5 = _____	20 ÷ 5 = _____
5 x 10 = _____	5 x 12 = _____	5 x 2 = _____	55 ÷ 5 = _____
0 x 5 = _____	10 x 5 = _____	5 x1 = _____	5 ÷ 5 = _____
9 x 5 = _____	8 x 5 = _____	5 x 5 = _____	60 ÷ 5 = _____
7 x 5 = _____	11 x 5 = _____	0 x 5 = _____	15 ÷ 5 = _____
5 x 9 = _____	5 x 2 = _____	3 x 5 = _____	20 ÷ 5 = _____
5 x 12 = _____	5 x 10 = _____	5 x 9 = _____	25 ÷ 5 = _____

Score = $\frac{}{25}$ Score = $\frac{}{25}$ Score = $\frac{}{25}$ Score = $\frac{}{25}$

Ten Times Tables – Write, Cover, Check

To multiply a number by ten, simply write the number and add a zero. For example, if I want to work out 4 x 10 = ? I write down the number 4, and then add a 0, giving the answer 40.

1 x 10 = 10	_____	_____	10 ÷ 10 = _____
2 x 10 = 20	_____	_____	20 ÷ 10 = _____
3 x 10 = 30	_____	_____	30 ÷ 10 = _____
4 x 10 = 40	_____	_____	40 ÷ 10 = _____
5 x 10 = 50	_____	_____	50 ÷ 10 = _____
6 x 10 = 60	_____	_____	60 ÷ 10 = _____
7 x 10 = 70	_____	_____	70 ÷ 10 = _____
8 x 10 = 80	_____	_____	80 ÷ 10 = _____
9 x 10 = 90	_____	_____	90 ÷ 10 = _____
10 x 10 = 100	_____	_____	100 ÷ 10 = _____
11 x 10 = 110	_____	_____	110 ÷ 10 = _____
12 x 10 = 120	_____	_____	120 ÷ 10 = _____

$$\text{Score} = \frac{}{12} \qquad \text{Score} = \frac{}{12}$$

Ten Times Tables – Practice

Exercise 9	Exercise 10	Exercise 11	Exercise 12
10 x 12 = _____	1 x 10 = _____	2 x 10 = _____	80 ÷ 10 = _____
10 x 7 = _____	3 x 10 = _____	10 x1 = _____	50 ÷ 10 = _____
8 x 10 = _____	10 x 5 = _____	10 x 7 = _____	120 ÷ 10 = _____
10 x 5 = _____	12 x 10 = _____	10 x 8 = _____	100 ÷ 10 = _____
10 x 2 = _____	10 x 3 = _____	7 x 10 = _____	120 ÷ 10 = _____
10 x 10 = _____	9 x 10 = _____	10 x 12 = _____	10 ÷ 10 = _____
6 x 10 = _____	4 x 10 = _____	10 x 10 = _____	90 ÷ 10 = _____
3 x 10 = _____	5 x 10 = _____	6 x 10 = _____	20 ÷ 10 = _____
7 x 10 = _____	11 x 10 = _____	10 x 9 = _____	10 ÷ 1 = _____
4 x 10 = _____	10 x 6 = _____	11 x 10 = _____	30 ÷ 10 = _____
9 x 10 = _____	10 x 2 = _____	5 x 10 = _____	60 ÷ 10 = _____
1 x 10 = _____	10 x 7 = _____	10 x 5 = _____	50 ÷ 10 = _____
5 x 10 = _____	10 x 4 = _____	10 x 6 = _____	40 ÷ 10 = _____
12 x 10 = _____	7 x 10 = _____	10 x 11 = _____	80 ÷ 10 = _____
10 x 10 = _____	10 x 10 = _____	10 x 10 = _____	40 ÷ 10 = _____
10 x 4 = _____	0 x 10 = _____	10 x 2 = _____	60 ÷ 10 = _____
10 x 11 = _____	10 x1 = _____	10 x 4 = _____	70 ÷ 10 = _____
10 x 6 = _____	10 x 10 = _____	3 x 10 = _____	20 ÷ 10 = _____
0 x 10 = _____	2 x 10 = _____	9 x 10 = _____	90 ÷ 10 = _____
10 x 9 = _____	10 x 8 = _____	12 x 10 = _____	30 ÷ 10 = _____
10 x1 = _____	10 x 12 = _____	4 x 10 = _____	80 ÷ 10 = _____
2 x 10 = _____	8 x 10 = _____	8 x 10 = _____	50 ÷ 10 = _____
10 x 8 = _____	6 x 10 = _____	10 x 3 = _____	120 ÷ 10 = _____
11 x 10 = _____	10 x 9 = _____	1 x 10 = _____	100 ÷ 10 = _____
10 x 3 = _____	10 x 11 = _____	0 x 10 = _____	120 ÷ 10 = _____
Score = $\frac{}{25}$	Score = $\frac{}{25}$	Score = $\frac{}{25}$	Score = $\frac{}{25}$

2, 5 and 10 Times Tables – Practice

Exercice 13	Exercice 14	Exercise 15	Exercise 16
2 x 10 = _____	11 x 10 = _____	1 x 2 = _____	5 x 2 = _____
7 x 5 = _____	1 x 2 = _____	3 x 10 = _____	7 x 2 = _____
8 x 2 = _____	4 x 2 = _____	6 x 2 = _____	6 x 5 = _____
11 x 2 = _____	3 x 5 = _____	3 x 5 = _____	4 x 10 = _____
5 x 10 = _____	6 x 2 = _____	2 x 5 = _____	10 x 10 = _____
1 x 10 = _____	5 x 2 = _____	11 x 2 = _____	2 x 5 = _____
8 x 10 = _____	4 x 5 = _____	11 x 10 = _____	12 x 2 = _____
10 x 2 = _____	9 x 10 = _____	4 x 5 = _____	7 x 10 = _____
10 x 5 = _____	3 x 10 = _____	12 x 5 = _____	6 x 2 = _____
9 x 2 = _____	12 x 5 = _____	1 x 10 = _____	3 x 10 = _____
4 x 10 = _____	1 x 5 = _____	5 x 5 = _____	4 x 5 = _____
2 x 2 = _____	12 x 10 = _____	5 x 2 = _____	10 x 2 = _____
8 x 5 = _____	6 x 5 = _____	12 x 2 = _____	12 x 5 = _____
12 x 10 = _____	9 x 2 = _____	11 x 5 = _____	4 x 2 = _____
11 x 5 = _____	5 x 10 = _____	6 x 10 = _____	1 x 10 = _____
7 x 2 = _____	8 x 5 = _____	9 x 10 = _____	1 x 2 = _____
10 x 10 = _____	2 x 10 = _____	2 x 2 = _____	10 x 5 = _____
3 x 2 = _____	7 x 10 = _____	1 x 5 = _____	12 x 10 = _____
6 x 10 = _____	10 x 2 = _____	4 x 2 = _____	5 x 5 = _____
7 x 10 = _____	9 x 5 = _____	8 x 2 = _____	3 x 2 = _____
9 x 5 = _____	10 x 5 = _____	7 x 5 = _____	8 x 5 = _____
6 x 5 = _____	7 x 2 = _____	3 x 2 = _____	2 x 10 = _____
5 x 5 = _____	4 x 10 = _____	10 x 5 = _____	5 x 10 = _____
12 x 2 = _____	8 x 10 = _____	7 x 2 = _____	1 x 5 = _____
2 x 5 = _____	10 x 10 = _____	9 x 2 = _____	3 x 5 = _____
Score = $\frac{}{25}$	Score = $\frac{}{25}$	Score = $\frac{}{25}$	Score = $\frac{}{25}$

2, 5 and 10 Times Tables – Division Practice

Exercise 17	Exercise 18	Exercise 19	Exercise 20
$70 \div 10 = $ _____	$60 \div 10 = $ _____	$10 \div 5 = $ _____	$14 \div 2 = $ _____
$8 \div 2 = $ _____	$45 \div 5 = $ _____	$25 \div 5 = $ _____	$55 \div 5 = $ _____
$50 \div 10 = $ _____	$30 \div 10 = $ _____	$110 \div 10 = $ _____	$12 \div 2 = $ _____
$45 \div 5 = $ _____	$80 \div 10 = $ _____	$60 \div 5 = $ _____	$80 \div 10 = $ _____
$30 \div 5 = $ _____	$20 \div 2 = $ _____	$50 \div 10 = $ _____	$100 \div 10 = $ _____
$15 \div 5 = $ _____	$50 \div 5 = $ _____	$30 \div 5 = $ _____	$60 \div 10 = $ _____
$24 \div 2 = $ _____	$10 \div 10 = $ _____	$70 \div 10 = $ _____	$20 \div 5 = $ _____
$20 \div 10 = $ _____	$5 \div 5 = $ _____	$18 \div 2 = $ _____	$40 \div 10 = $ _____
$40 \div 5 = $ _____	$90 \div 10 = $ _____	$16 \div 2 = $ _____	$6 \div 2 = $ _____
$35 \div 5 = $ _____	$12 \div 2 = $ _____	$10 \div 2 = $ _____	$4 \div 2 = $ _____
$16 \div 2 = $ _____	$20 \div 5 = $ _____	$8 \div 2 = $ _____	$2 \div 2 = $ _____
$10 \div 2 = $ _____	$15 \div 5 = $ _____	$120 \div 10 = $ _____	$22 \div 2 = $ _____
$60 \div 5 = $ _____	$6 \div 2 = $ _____	$40 \div 5 = $ _____	$20 \div 2 = $ _____
$20 \div 2 = $ _____	$40 \div 5 = $ _____	$20 \div 2 = $ _____	$10 \div 5 = $ _____
$22 \div 2 = $ _____	$14 \div 2 = $ _____	$35 \div 5 = $ _____	$60 \div 5 = $ _____
$50 \div 5 = $ _____	$2 \div 2 = $ _____	$30 \div 10 = $ _____	$40 \div 10 = $ _____
$20 \div 5 = $ _____	$55 \div 5 = $ _____	$20 \div 10 = $ _____	$90 \div 10 = $ _____
$55 \div 5 = $ _____	$20 \div 10 = $ _____	$10 \div 10 = $ _____	$15 \div 5 = $ _____
$4 \div 2 = $ _____	$35 \div 5 = $ _____	$15 \div 5 = $ _____	$12 \div 2 = $ _____
$2 \div 2 = $ _____	$24 \div 2 = $ _____	$24 \div 2 = $ _____	$14 \div 2 = $ _____
$80 \div 10 = $ _____	$4 \div 2 = $ _____	$45 \div 5 = $ _____	$30 \div 10 = $ _____
$60 \div 10 = $ _____	$40 \div 10 = $ _____	$90 \div 10 = $ _____	$5 \div 5 = $ _____
$30 \div 10 = $ _____	$100 \div 10 = $ _____	$50 \div 5 = $ _____	$45 \div 5 = $ _____
$40 \div 10 = $ _____	$22 \div 2 = $ _____	$22 \div 2 = $ _____	$16 \div 2 = $ _____
$14 \div 2 = $ _____	$120 \div 10 = $ _____	$5 \div 5 = $ _____	$25 \div 5 = $ _____
Score $= \dfrac{}{25}$	Score $= \dfrac{}{25}$	Score $= \dfrac{}{25}$	Score $= \dfrac{}{25}$

2, 5 and 10 Times Tables – Word Problems

Exercise 21

1. Joshua and Nina have a birthday party. For the games there are 10 children and they each need 2 balloons. How many balloons do they need? _____

2. Lukas gets 2 magazines a month for 12 months. How many magazines has he received after 12 months? _____

3. Claire's school has 5 basketball teams. If they each have 7 players, how many basketball players are there? _____

4. One package of chocolate bars contains 5 chocolates. How many packages are needed to give 1 chocolate to 45 people? _____

5. A multi pack of chips contains 8 individual bags of chips. How many packets of chips are there in 2 multi packs? _____

6. Rupa, Thelma and Akshay each receive 5 books for Christmas. How many books do they receive altogether? _____

7. Meena needs 25 screws to complete the table she is making. If screws come in packs of 5, how many packs does she need? _____

8. Robert saves 10 cents per week. How much has he saved after 9 weeks? _____

9. Apples cost 5 cents each at the local store. How much does it cost to buy 11 apples? _____

10. A dozen (12) eggs cost 60 cents. How much does each egg cost? _____

Score = $\frac{}{10}$

Progress so far

Have a look at how many of the times tables you already know. Great work. Keep it up. ☺

One	Two	Three	Four
1 x 1 = 1	1 x 2 = 2	1 x 3 = 3	1 x 4 = 4
2 x 1 = 2	2 x 2 = 4	2 x 3 = 6	2 x 4 = 8
3 x 1 = 3	3 x 2 = 6	3 x 3 = 9	3 x 4 = 12
4 x 1 = 4	4 x 2 = 8	4 x 3 = 12	4 x 4 = 16
5 x 1 = 5	5 x 2 = 10	5 x 3 = 15	5 x 4 = 20
6 x 1 = 6	6 x 2 = 12	6 x 3 = 18	6 x 4 = 24
7 x 1 = 7	7 x 2 = 14	7 x 3 = 21	7 x 4 = 28
8 x 1 = 8	8 x 2 = 16	8 x 3 = 24	8 x 4 = 32
9 x 1 = 9	9 x 2 = 18	9 x 3 = 27	9 x 4 = 36
10 x 1 = 10	10 x 2 = 20	10 x 3 = 30	10 x 4 = 40
11 x 1 = 11	11 x 2 = 22	11 x 3 = 33	11 x 4 = 44
12 x 1 = 12	12 x 2 = 24	12 x 3 = 36	12 x 4 = 48

Five	Six	Seven	Eight
1 x 5 = 5	1 x 6 = 6	1 x 7 = 7	1 x 8 = 8
2 x 5 = 10	2 x 6 = 12	2 x 7 = 14	2 x 8 = 16
3 x 5 = 15	3 x 6 = 18	3 x 7 = 21	3 x 8 = 24
4 x 5 = 20	4 x 6 = 24	4 x 7 = 28	4 x 8 = 32
5 x 5 = 25	5 x 6 = 30	5 x 7 = 35	5 x 8 = 40
6 x 5 = 30	6 x 6 = 36	6 x 7 = 42	6 x 8 = 48
7 x 5 = 35	7 x 6 = 42	7 x 7 = 49	7 x 8 = 56
8 x 5 = 40	8 x 6 = 48	8 x 7 = 56	8 x 8 = 64
9 x 5 = 45	9 x 6 = 54	9 x 7 = 63	9 x 8 = 72
10 x 5 = 50	10 x 6 = 60	10 x 7 = 70	10 x 8 = 80
11 x 5 = 55	11 x 6 = 66	11 x 7 = 77	11 x 8 = 88
12 x 5 = 60	12 x 6 = 72	12 x 7 = 84	12 x 8 = 96

Nine	Ten	Eleven	Twelve
1 x 9 = 9	1 x 10 = 10	1 x 11 = 11	1 x 12 = 12
2 x 9 = 18	2 x 10 = 20	2 x 11 = 22	2 x 12 = 24
3 x 9 = 27	3 x 10 = 30	3 x 11 = 33	3 x 12 = 36
4 x 9 = 36	4 x 10 = 40	4 x 11 = 44	4 x 12 = 48
5 x 9 = 45	5 x 10 = 50	5 x 11 = 55	5 x 12 = 60
6 x 9 = 54	6 x 10 = 60	6 x 11 = 66	6 x 12 = 72
7 x 9 = 63	7 x 10 = 70	7 x 11 = 77	7 x 12 = 84
8 x 9 = 72	8 x 10 = 80	8 x 11 = 88	8 x 12 = 96
9 x 9 = 81	9 x 10 = 90	9 x 11 = 99	9 x 12 = 108
10 x 9 = 90	10 x 10 = 100	10 x 11 = 110	10 x 12 = 120
11 x 9 = 99	11 x 10 = 110	11 x 11 = 121	11 x 12 = 132
12 x 9 = 108	12 x 10 = 120	12 x 11 = 132	12 x 12 = 144

Turn the page for the three, four and six times tables.

Three Times Tables – Write, Cover, Check

For all the numbers in the three times table, if you add the digits the answer is three, six or nine.

For example	5 x 3 = 15	1 + 5 = 6
	6 x 3 = 18	1 + 8 = 9
	7 x 3 = 21	2 + 1 = 3

If when I add the digits I get a number consisting of more than two digits, then I keep adding the digits until I have a two digit number.

For example   13 x 3 = 39.   3 + 9 = 12   so I repeat and   1 + 2 = 3

1 x 3 = 3	_____	_____	3 ÷ 3 = _____
2 x 3 = 6	_____	_____	6 ÷ 3 = _____
3 x 3 = 9	_____	_____	9 ÷ 3 = _____
4 x 3 = 12	_____	_____	12 ÷ 3 = _____
5 x 3 = 15	_____	_____	15 ÷ 3 = _____
6 x 3 = 18	_____	_____	18 ÷ 3 = _____
7 x 3 = 21	_____	_____	21 ÷ 3 = _____
8 x 3 = 24	_____	_____	24 ÷ 3 = _____
9 x 3 = 27	_____	_____	27 ÷ 3 = _____
10 x 3 = 30	_____	_____	30 ÷ 3 = _____
11 x 3 = 33	_____	_____	33 ÷ 3 = _____
12 x 3 = 36	_____	_____	36 ÷ 3 = _____

Score $= \dfrac{}{12}$ Score $= \dfrac{}{12}$

Three Times Tables – Practice

Exercise 22

0 x 3 = _____

6 x 3 = _____

3 x 3 = _____

2 x 3 = _____

10 x 3 = _____

3 x 3 = _____

9 x 3 = _____

3 x 1 = _____

3 x 11 = _____

3 x 12 = _____

1 x 3 = _____

5 x 3 = _____

3 x 6 = _____

11 x 3 = _____

3 x 4 = _____

7 x 3 = _____

3 x 5 = _____

3 x 2 = _____

8 x 3 = _____

3 x 9 = _____

12 x 3 = _____

3 x 7 = _____

4 x 3 = _____

3 x 10 = _____

3 x 8 = _____

Score = $\frac{\quad}{25}$

Exercise 23

7 x 3 = _____

1 x 3 = _____

2 x 3 = _____

3 x 3 = _____

3 x 5 = _____

11 x 3 = _____

6 x 3 = _____

3 x 4 = _____

12 x 3 = _____

10 x 3 = _____

4 x 3 = _____

8 x 3 = _____

3 x 10 = _____

3 x 8 = _____

3 x 12 = _____

3 x 11 = _____

9 x 3 = _____

3 x 1 = _____

3 x 3 = _____

3 x 2 = _____

3 x 6 = _____

3 x 7 = _____

0 x 3 = _____

5 x 3 = _____

3 x 9 = _____

Score = $\frac{\quad}{25}$

Exercise 24

3 x 10 = _____

11 x 3 = _____

3 x 3 = _____

5 x 3 = _____

3 x 12 = _____

10 x 3 = _____

9 x 3 = _____

1 x 3 = _____

3 x 11 = _____

3 x 8 = _____

8 x 3 = _____

3 x 9 = _____

3 x 5 = _____

0 x 3 = _____

3 x 2 = _____

12 x 3 = _____

3 x 7 = _____

3 x 3 = _____

4 x 3 = _____

7 x 3 = _____

3 x 1 = _____

2 x 3 = _____

3 x 6 = _____

3 x 4 = _____

6 x 3 = _____

Score = $\frac{\quad}{25}$

Exercise 25

18 ÷ 3 = _____

9 ÷ 3 = _____

21 ÷ 3 = _____

33 ÷ 3 = _____

36 ÷ 3 = _____

6 ÷ 3 = _____

12 ÷ 3 = _____

24 ÷ 3 = _____

21 ÷ 3 = _____

15 ÷ 3 = _____

33 ÷ 3 = _____

3 ÷ 3 = _____

36 ÷ 3 = _____

18 ÷ 3 = _____

3 ÷ 3 = _____

30 ÷ 3 = _____

24 ÷ 3 = _____

27 ÷ 3 = _____

12 ÷ 3 = _____

6 ÷ 3 = _____

3 ÷ 1 = _____

27 ÷ 3 = _____

9 ÷ 3 = _____

30 ÷ 3 = _____

15 ÷ 3 = _____

Score = $\frac{\quad}{25}$

Four Times Tables – Write, Cover, Check

Every second number in the two times table is in the four times table. So if you forget the answer to one of the four times table you can multiply the number by two twice. For example if I have forgotten what 3 x 4 is, I can multiply 3 by 2 and get 6, then multiply my answer (6) by 2 and get 12.

1 x 4 = 4	_____	_____	$4 \div 4 =$ _____
2 x 4 = 8	_____	_____	$8 \div 4 =$ _____
3 x 4 = 12	_____	_____	$12 \div 4 =$ _____
4 x 4 = 16	_____	_____	$16 \div 4 =$ _____
5 x 4 = 20	_____	_____	$20 \div 4 =$ _____
6 x 4 = 24	_____	_____	$24 \div 4 =$ _____
7 x 4 = 28	_____	_____	$28 \div 4 =$ _____
8 x 4 = 32	_____	_____	$32 \div 4 =$ _____
9 x 4 = 36	_____	_____	$36 \div 4 =$ _____
10 x 4 = 40	_____	_____	$40 \div 4 =$ _____
11 x 4 = 44	_____	_____	$44 \div 4 =$ _____
12 x 4 = 48	_____	_____	$48 \div 4 =$ _____

Score $= \dfrac{}{12}$ Score $= \dfrac{}{12}$

Four Times Tables – Practice

Exercise 26

4 x 9 = _____
2 x 4 = _____
4 x 1 = _____
9 x 4 = _____
4 x 6 = _____
3 x 4 = _____
11 x 4 = _____
6 x 4 = _____
7 x 4 = _____
4 x 7 = _____
1 x 4 = _____
4 x 8 = _____
4 x 2 = _____
5 x 4 = _____
10 x 4 = _____
8 x 4 = _____
4 x 11 = _____
4 x 4 = _____
4 x 12 = _____
4 x 10 = _____
4 x 4 = _____
4 x 5 = _____
4 x 3 = _____
0 x 4 = _____
12 x 4 = _____

Score = ──
        25

Exercise 27

5 x 4 = _____
4 x 9 = _____
4 x 2 = _____
12 x 4 = _____
3 x 4 = _____
11 x 4 = _____
2 x 4 = _____
4 x 10 = _____
4 x 4 = _____
4 x 1 = _____
4 x 8 = _____
4 x 7 = _____
4 x 6 = _____
8 x 4 = _____
4 x 3 = _____
4 x 5 = _____
4 x 11 = _____
1 x 4 = _____
7 x 4 = _____
10 x 4 = _____
0 x 4 = _____
4 x 12 = _____
6 x 4 = _____
4 x 4 = _____
9 x 4 = _____

Score = ──
        25

Exercise 28

10 x 4 = _____
4 x 6 = _____
4 x 9 = _____
4 x 4 = _____
9 x 4 = _____
6 x 4 = _____
4 x 3 = _____
0 x 4 = _____
4 x 5 = _____
4 x 8 = _____
4 x 7 = _____
4 x 2 = _____
7 x 4 = _____
5 x 4 = _____
3 x 4 = _____
4 x 10 = _____
2 x 4 = _____
11 x 4 = _____
1 x 4 = _____
4 x 11 = _____
4 x 4 = _____
4 x 12 = _____
12 x 4 = _____
4 x 1 = _____
8 x 4 = _____

Score = ──
        25

Exercise 29

4 ÷ 4 = _____
36 ÷ 4 = _____
24 ÷ 4 = _____
16 ÷ 4 = _____
44 ÷ 4 = _____
4 ÷ 1 = _____
48 ÷ 4 = _____
28 ÷ 4 = _____
20 ÷ 4 = _____
8 ÷ 4 = _____
32 ÷ 4 = _____
8 ÷ 4 = _____
32 ÷ 4 = _____
28 ÷ 4 = _____
12 ÷ 4 = _____
40 ÷ 4 = _____
48 ÷ 4 = _____
4 ÷ 4 = _____
12 ÷ 4 = _____
44 ÷ 4 = _____
16 ÷ 4 = _____
24 ÷ 4 = _____
20 ÷ 4 = _____
36 ÷ 4 = _____
40 ÷ 4 = _____

Score = ──
        25

Six Times Tables – Write, Cover, Check

All the numbers in the six times table must be in both the two times table and the three times table. So if I forget one of my six times table I can multiply the number by 3 and then by 2. So, if I have forgotten what 4 x 6 is, I can multiply 4 by 2 to get 8 and then multiply my answer (8) by 3 to get 24.

1 x 6 = 6	_____	_____	6 ÷ 6 = _____
2 x 6 = 12	_____	_____	12 ÷ 6 = _____
3 x 6 = 18	_____	_____	18 ÷ 6 = _____
4 x 6 = 24	_____	_____	24 ÷ 6 = _____
5 x 6 = 30	_____	_____	30 ÷ 6 = _____
6 x 6 = 36	_____	_____	36 ÷ 6 = _____
7 x 6 = 42	_____	_____	42 ÷ 6 = _____
8 x 6 = 48	_____	_____	48 ÷ 6 = _____
9 x 6 = 54	_____	_____	54 ÷ 6 = _____
10 x 6 = 60	_____	_____	60 ÷ 6 = _____
11 x 6 = 66	_____	_____	66 ÷ 6 = _____
12 x 6 = 72	_____	_____	72 ÷ 6 = _____

$$\text{Score} = \frac{}{12} \qquad \text{Score} = \frac{}{12}$$

Six Times Tables – Practice

Exercise 30

$8 \times 6 =$ _____
$6 \times 1 =$ _____
$6 \times 11 =$ _____
$5 \times 6 =$ _____
$10 \times 6 =$ _____
$4 \times 6 =$ _____
$11 \times 6 =$ _____
$6 \times 6 =$ _____
$2 \times 6 =$ _____
$6 \times 9 =$ _____
$1 \times 6 =$ _____
$6 \times 8 =$ _____
$6 \times 10 =$ _____
$6 \times 5 =$ _____
$12 \times 6 =$ _____
$3 \times 6 =$ _____
$6 \times 4 =$ _____
$6 \times 3 =$ _____
$7 \times 6 =$ _____
$9 \times 6 =$ _____
$6 \times 6 =$ _____
$6 \times 7 =$ _____
$6 \times 12 =$ _____
$0 \times 6 =$ _____
$6 \times 2 =$ _____

Score $= \dfrac{}{25}$

Exercise 31

$6 \times 6 =$ _____
$6 \times 8 =$ _____
$6 \times 1 =$ _____
$7 \times 6 =$ _____
$1 \times 6 =$ _____
$0 \times 6 =$ _____
$6 \times 11 =$ _____
$12 \times 6 =$ _____
$6 \times 7 =$ _____
$11 \times 6 =$ _____
$6 \times 10 =$ _____
$4 \times 6 =$ _____
$2 \times 6 =$ _____
$6 \times 6 =$ _____
$6 \times 5 =$ _____
$6 \times 9 =$ _____
$10 \times 6 =$ _____
$9 \times 6 =$ _____
$6 \times 4 =$ _____
$5 \times 6 =$ _____
$6 \times 12 =$ _____
$6 \times 3 =$ _____
$8 \times 6 =$ _____
$6 \times 2 =$ _____
$3 \times 6 =$ _____

Score $= \dfrac{}{25}$

Exercise 32

$6 \times 8 =$ _____
$6 \times 3 =$ _____
$6 \times 9 =$ _____
$10 \times 6 =$ _____
$12 \times 6 =$ _____
$6 \times 10 =$ _____
$7 \times 6 =$ _____
$11 \times 6 =$ _____
$6 \times 4 =$ _____
$6 \times 6 =$ _____
$3 \times 6 =$ _____
$6 \times 1 =$ _____
$1 \times 6 =$ _____
$5 \times 6 =$ _____
$6 \times 12 =$ _____
$6 \times 2 =$ _____
$2 \times 6 =$ _____
$0 \times 6 =$ _____
$6 \times 7 =$ _____
$6 \times 5 =$ _____
$6 \times 11 =$ _____
$6 \times 6 =$ _____
$4 \times 6 =$ _____
$9 \times 6 =$ _____
$8 \times 6 =$ _____

Score $= \dfrac{}{25}$

Exercise 33

$48 \div 6 =$ _____
$66 \div 6 =$ _____
$42 \div 6 =$ _____
$6 \div 6 =$ _____
$60 \div 6 =$ _____
$36 \div 6 =$ _____
$30 \div 6 =$ _____
$54 \div 6 =$ _____
$6 \div 1 =$ _____
$18 \div 6 =$ _____
$66 \div 6 =$ _____
$24 \div 6 =$ _____
$12 \div 6 =$ _____
$30 \div 6 =$ _____
$54 \div 6 =$ _____
$72 \div 6 =$ _____
$6 \div 6 =$ _____
$42 \div 6 =$ _____
$12 \div 6 =$ _____
$72 \div 6 =$ _____
$60 \div 6 =$ _____
$18 \div 6 =$ _____
$24 \div 6 =$ _____
$48 \div 6 =$ _____
$36 \div 6 =$ _____

Score $= \dfrac{}{25}$

3, 4 and 6 Times Tables – Practice

Exercise 34	Exercise 35	Exercise 36	Exercise 37
8 x 3 = _____	5 x 3 = _____	10 x 6 = _____	9 ÷ 3 = _____
2 x 4 = _____	12 x 6 = _____	6 x 3 = _____	33 ÷ 3 = _____
2 x 3 = _____	4 x 6 = _____	6 x 6 = _____	27 ÷ 3 = _____
3 x 3 = _____	12 x 3 = _____	5 x 3 = _____	15 ÷ 3 = _____
6 x 4 = _____	6 x 6 = _____	7 x 3 = _____	8 ÷ 4 = _____
9 x 6 = _____	12 x 4 = _____	4 x 4 = _____	30 ÷ 3 = _____
9 x 3 = _____	4 x 4 = _____	12 x 3 = _____	16 ÷ 4 = _____
3 x 6 = _____	1 x 4 = _____	2 x 6 = _____	4 ÷ 4 = _____
11 x 4 = _____	11 x 6 = _____	3 x 3 = _____	36 ÷ 4 = _____
7 x 4 = _____	1 x 6 = _____	5 x 6 = _____	6 ÷ 3 = _____
11 x 3 = _____	10 x 4 = _____	7 x 6 = _____	18 ÷ 6 = _____
9 x 4 = _____	2 x 4 = _____	2 x 3 = _____	44 ÷ 4 = _____
10 x 3 = _____	11 x 4 = _____	12 x 4 = _____	60 ÷ 6 = _____
3 x 4 = _____	4 x 3 = _____	8 x 3 = _____	48 ÷ 6 = _____
7 x 6 = _____	11 x 3 = _____	5 x 4 = _____	32 ÷ 4 = _____
5 x 6 = _____	1 x 4 = _____	8 x 6 = _____	36 ÷ 6 = _____
7 x 3 = _____	8 x 4 = _____	10 x 4 = _____	20 ÷ 4 = _____
1 x 3 = _____	6 x 4 = _____	1 x 6 = _____	3 ÷ 3 = _____
2 x 6 = _____	10 x 3 = _____	11 x 6 = _____	36 ÷ 3 = _____
6 x 3 = _____	9 x 4 = _____	9 x 6 = _____	40 ÷ 4 = _____
8 x 6 = _____	1 x 3 = _____	9 x 3 = _____	42 ÷ 6 = _____
10 x 6 = _____	4 x 6 = _____	12 x 6 = _____	54 ÷ 6 = _____
4 x 3 = _____	7 x 4 = _____	7 x 6 = _____	24 ÷ 6 = _____
8 x 4 = _____	3 x 4 = _____	11 x 4 = _____	24 ÷ 3 = _____
5 x 4 = _____	3 x 6 = _____	6 x 8 = _____	12 ÷ 4 = _____

Score = —
25   Score = —
25   Score = —
25   Score = —
25

3, 4 and 6 Times Tables – Word Problems

Exercise 38

1. If one CD costs $4.00 how much will 6 CDs cost? _____

2. If Nayha has $24 how many toys can she buy, if they cost $3 each? _____

3. Sukhmani, Rachael and Anaya each have 6 stickers. How many stickers do they have altogether? _____

4. Mahek likes drawing cartoon characters. If Mahek can fit 4 drawings on a page, how many pages does she need to draw 36 characters? _____

5. Jacob is good at typing. He can type a page in 3 minutes. If he has 36 minutes how many pages can he type? _____

6. At a school fair, candy was sold in bags of 4. If Roshan buys 8 bags, how much candy will he have? _____

7. A teacher is organizing a sports game. If there are 30 students, how many groups of 6 can be made? _____

8. A hexagon has 6 sides. How many sides in total would 7 hexagons have? _____

9. One container holds 3 crates. Each crate holds 4 bottles. How many bottles in 6 containers? _____

10. A carton of orange juice holds 6 cups. How many cartons are needed to fill 48 cups? _____

$$Score = \frac{}{10}$$

Progress so far

You have now learned over 80% of the times tables. Great work. Keep it up. ☺

One	Two	Three	Four
1 x 1 = 1	1 x 2 = 2	1 x 3 = 3	1 x 4 = 4
2 x 1 = 2	2 x 2 = 4	2 x 3 = 6	2 x 4 = 8
3 x 1 = 3	3 x 2 = 6	3 x 3 = 9	3 x 4 = 12
4 x 1 = 4	4 x 2 = 8	4 x 3 = 12	4 x 4 = 16
5 x 1 = 5	5 x 2 = 10	5 x 3 = 15	5 x 4 = 20
6 x 1 = 6	6 x 2 = 12	6 x 3 = 18	6 x 4 = 24
7 x 1 = 7	7 x 2 = 14	7 x 3 = 21	7 x 4 = 28
8 x 1 = 8	8 x 2 = 16	8 x 3 = 24	8 x 4 = 32
9 x 1 = 9	9 x 2 = 18	9 x 3 = 27	9 x 4 = 36
10 x 1 = 10	10 x 2 = 20	10 x 3 = 30	10 x 4 = 40
11 x 1 = 11	11 x 2 = 22	11 x 3 = 33	11 x 4 = 44
12 x 1 = 12	12 x 2 = 24	12 x 3 = 36	12 x 4 = 48

Five	Six	Seven	Eight
1 x 5 = 5	1 x 6 = 6	1 x 7 = 7	1 x 8 = 8
2 x 5 = 10	2 x 6 = 12	2 x 7 = 14	2 x 8 = 16
3 x 5 = 15	3 x 6 = 18	3 x 7 = 21	3 x 8 = 24
4 x 5 = 20	4 x 6 = 24	4 x 7 = 28	4 x 8 = 32
5 x 5 = 25	5 x 6 = 30	5 x 7 = 35	5 x 8 = 40
6 x 5 = 30	6 x 6 = 36	6 x 7 = 42	6 x 8 = 48
7 x 5 = 35	7 x 6 = 42	7 x 7 = 49	7 x 8 = 56
8 x 5 = 40	8 x 6 = 48	8 x 7 = 56	8 x 8 = 64
9 x 5 = 45	9 x 6 = 54	9 x 7 = 63	9 x 8 = 72
10 x 5 = 50	10 x 6 = 60	10 x 7 = 70	10 x 8 = 80
11 x 5 = 55	11 x 6 = 66	11 x 7 = 77	11 x 8 = 88
12 x 5 = 60	12 x 6 = 72	12 x 7 = 84	12 x 8 = 96

Nine	Ten	Eleven	Twelve
1 x 9 = 9	1 x 10 = 10	1 x 11 = 11	1 x 12 = 12
2 x 9 = 18	2 x 10 = 20	2 x 11 = 22	2 x 12 = 24
3 x 9 = 27	3 x 10 = 30	3 x 11 = 33	3 x 12 = 36
4 x 9 = 36	4 x 10 = 40	4 x 11 = 44	4 x 12 = 48
5 x 9 = 45	5 x 10 = 50	5 x 11 = 55	5 x 12 = 60
6 x 9 = 54	6 x 10 = 60	6 x 11 = 66	6 x 12 = 72
7 x 9 = 63	7 x 10 = 70	7 x 11 = 77	7 x 12 = 84
8 x 9 = 72	8 x 10 = 80	8 x 11 = 88	8 x 12 = 96
9 x 9 = 81	9 x 10 = 90	9 x 11 = 99	9 x 12 = 108
10 x 9 = 90	10 x 10 = 100	10 x 11 = 110	10 x 12 = 120
11 x 9 = 99	11 x 10 = 110	11 x 11 = 121	11 x 12 = 132
12 x 9 = 108	12 x 10 = 120	12 x 11 = 132	12 x 12 = 144

Turn the page for the seven, eight and nine times tables.

Seven Times Tables – Write, Cover, Check

The seven times table may look daunting, however, you already know all but five of them.

1 x 7 = 7	_____	_____	7 ÷ 7 = _____
2 x 7 = 14	_____	_____	14 ÷ 7 = _____
3 x 7 = 21	_____	_____	21 ÷ 7 = _____
4 x 7 = 28	_____	_____	28 ÷ 7 = _____
5 x 7 = 35	_____	_____	35 ÷ 7 = _____
6 x 7 = 42	_____	_____	42 ÷ 7 = _____
7 x 7 = 49	_____	_____	49 ÷ 7 = _____
8 x 7 = 56	_____	_____	56 ÷ 7 = _____
9 x 7 = 63	_____	_____	63 ÷ 7 = _____
10 x 7 = 70	_____	_____	70 ÷ 7 = _____
11 x 7 = 77	_____	_____	77 ÷ 7 = _____
12 x 7 = 84	_____	_____	84 ÷ 7 = _____

Score $= \frac{}{12}$ Score $= \frac{}{12}$

Seven Times Tables – Practice

Exercise 39

7 x 6 = _____
5 x 7 = _____
10 x 7 = _____
7 x 7 = _____
7 x 4 = _____
7 x 9 = _____
0 x 7 = _____
7 x 11 = _____
1 x 7 = _____
7 x 5 = _____
6 x 7 = _____
7 x 2 = _____
8 x 7 = _____
12 x 7 = _____
4 x 7 = _____
7 x 10 = _____
3 x 7 = _____
7 x1 = _____
11 x 7 = _____
7 x 8 = _____
9 x 7 = _____
7 x 12 = _____
2 x 7 = _____
7 x 3 = _____
7 x 7 = _____

Score = __ / 25

Exercise 40

7 x 2 = _____
7 x 9 = _____
7 x 3 = _____
1 x 7 = _____
7 x 5 = _____
5 x 7 = _____
7 x 8 = _____
4 x 7 = _____
10 x 7 = _____
3 x 7 = _____
7 x 11 = _____
6 x 7 = _____
12 x 7 = _____
7 x 4 = _____
7 x1 = _____
7 x 10 = _____
7 x 12 = _____
7 x 7 = _____
8 x 7 = _____
11 x 7 = _____
7 x 7 = _____
9 x 7 = _____
2 x 7 = _____
0 x 7 = _____
7 x 6 = _____

Score = __ / 25

Exercise 41

10 x 7 = _____
7 x 7 = _____
7 x 5 = _____
3 x 7 = _____
6 x 7 = _____
5 x 7 = _____
1 x 7 = _____
7 x 2 = _____
0 x 7 = _____
9 x 7 = _____
2 x 7 = _____
7 x 12 = _____
4 x 7 = _____
7 x 10 = _____
7 x 4 = _____
7 x 7 = _____
8 x 7 = _____
7 x 6 = _____
7 x 3 = _____
12 x 7 = _____
7 x 1 = _____
11 x 7 = _____
7 x 9 = _____
7 x 8 = _____
7 x 11 = _____

Score = __ / 25

Exercise 42

28 ÷ 7 = _____
56 ÷ 7 = _____
21 ÷ 7 = _____
70 ÷ 7 = _____
56 ÷ 7 = _____
35 ÷ 7 = _____
7 ÷ 7 = _____
77 ÷ 7 = _____
21 ÷ 7 = _____
70 ÷ 7 = _____
49 ÷ 7 = _____
63 ÷ 7 = _____
77 ÷ 7 = _____
42 ÷ 7 = _____
14 ÷ 7 = _____
7 ÷ 1 = _____
84 ÷ 7 = _____
35 ÷ 7 = _____
7 ÷ 7 = _____
84 ÷ 7 = _____
42 ÷ 7 = _____
28 ÷ 7 = _____
49 ÷ 7 = _____
14 ÷ 7 = _____
63 ÷ 7 = _____

Score = __ / 25

Eight Times Tables – Write, Cover, Check

The eight times table contains every second number on the four times table.

1 x 8 = 8	_____	_____	8 ÷ 8 = _____
2 x 8 = 16	_____	_____	16 ÷ 8 = _____
3 x 8 = 24	_____	_____	24 ÷ 8 = _____
4 x 8 = 32	_____	_____	32 ÷ 8 = _____
5 x 8 = 40	_____	_____	40 ÷ 8 = _____
6 x 8 = 48	_____	_____	48 ÷ 8 = _____
7 x 8 = 56	_____	_____	56 ÷ 8 = _____
8 x 8 = 64	_____	_____	64 ÷ 8 = _____
9 x 8 = 72	_____	_____	72 ÷ 8 = _____
10 x 8 = 80	_____	_____	80 ÷ 8 = _____
11 x 8 = 88	_____	_____	88 ÷ 8 = _____
12 x 8 = 96	_____	_____	96 ÷ 8 = _____

Score = $\frac{}{12}$ Score = $\frac{}{12}$

Eight Times Tables – Practice

Exercise 43

12 x 8 = _____
4 x 8 = _____
9 x 8 = _____
6 x 8 = _____
8 x 8 = _____
10 x 8 = _____
8 x 6 = _____
2 x 8 = _____
0 x 8 = _____
8 x 8 = _____
8 x 12 = _____
8 x 7 = _____
7 x 8 = _____
11 x 8 = _____
8 x 9 = _____
3 x 8 = _____
5 x 8 = _____
8 x1 = _____
8 x 3 = _____
8 x 4 = _____
8 x 10 = _____
8 x 2 = _____
8 x 11 = _____
1 x 8 = _____
8 x 5 = _____

Score = $\frac{}{25}$

Exercise 44

4 x 8 = _____
11 x 8 = _____
8 x 7 = _____
6 x 8 = _____
2 x 8 = _____
7 x 8 = _____
5 x 8 = _____
8 x1 = _____
8 x 4 = _____
12 x 8 = _____
8 x 8 = _____
1 x 8 = _____
0 x 8 = _____
8 x 6 = _____
9 x 8 = _____
8 x 8 = _____
8 x 12 = _____
8 x 10 = _____
8 x 11 = _____
10 x 8 = _____
8 x 5 = _____
3 x 8 = _____
8 x 9 = _____
8 x 3 = _____
8 x 2 = _____

Score = $\frac{}{25}$

Exercise 45

8 x 3 = _____
2 x 8 = _____
5 x 8 = _____
8 x 10 = _____
8 x 11 = _____
4 x 8 = _____
8 x 8 = _____
8 x 2 = _____
8 x 6 = _____
8 x 9 = _____
10 x 8 = _____
8 x 12 = _____
1 x 8 = _____
7 x 8 = _____
12 x 8 = _____
8 x1 = _____
8 x 8 = _____
8 x 4 = _____
11 x 8 = _____
8 x 7 = _____
6 x 8 = _____
3 x 8 = _____
0 x 8 = _____
8 x 5 = _____
9 x 8 = _____

Score = $\frac{}{25}$

Exercise 46

64 ÷ 8 = _____
80 ÷ 8 = _____
32 ÷ 8 = _____
96 ÷ 8 = _____
48 ÷ 8 = _____
40 ÷ 8 = _____
16 ÷ 8 = _____
24 ÷ 8 = _____
56 ÷ 8 = _____
80 ÷ 8 = _____
40 ÷ 8 = _____
96 ÷ 8 = _____
8 ÷ 1 = _____
88 ÷ 8 = _____
32 ÷ 8 = _____
88 ÷ 8 = _____
16 ÷ 8 = _____
72 ÷ 8 = _____
48 ÷ 8 = _____
8 ÷ 8 = _____
64 ÷ 8 = _____
56 ÷ 8 = _____
24 ÷ 8 = _____
8 ÷ 8 = _____
72 ÷ 8 = _____

Score = $\frac{}{25}$

Nine Times Tables – Write, Cover, Check

The nine times table is one of the easiest. The digits in the nine times table add up to nine. To work out the first 10, take one from the number you are multiplying by nine, this is the tens place. Then work out what you would need to add to this number to make nine and that is your units.

For example: 4 x 9 = ?   First subtract 1 from 4 which is 3. So 3 is my tens place.
                                            Then work out 3 + ? = 9.   3 + 6 = 9.   So, 4 x 9 = 36

1 x 9 = 9	_____	_____	9 ÷ 9 = _____
2 x 9 = 18	_____	_____	18 ÷ 9 = _____
3 x 9 = 27	_____	_____	27 ÷ 9 = _____
4 x 9 = 36	_____	_____	36 ÷ 9 = _____
5 x 9 = 45	_____	_____	45 ÷ 9 = _____
6 x 9 = 54	_____	_____	54 ÷ 9 = _____
7 x 9 = 63	_____	_____	63 ÷ 9 = _____
8 x 9 = 72	_____	_____	72 ÷ 9 = _____
9 x 9 = 81	_____	_____	81 ÷ 9 = _____
10 x 9 = 90	_____	_____	90 ÷ 9 = _____
11 x 9 = 99	_____	_____	99 ÷ 9 = _____
12 x 9 = 108	_____	_____	108 ÷ 9 = _____

Score = $\dfrac{}{12}$ Score = $\dfrac{}{12}$

Nine Times Tables – Practice

Exercise 47	Exercise 48	Exercise 49	Exercise 50
9 x 6 = _____	9 x 7 = _____	10 x 9 = _____	54 ÷ 9 = _____
9 x 9 = _____	9 x 11 = _____	9 x 12 = _____	63 ÷ 9 = _____
12 x 9 = _____	10 x 9 = _____	9 x 9 = _____	36 ÷ 9 = _____
9 x 9 = _____	12 x 9 = _____	6 x 9 = _____	18 ÷ 9 = _____
7 x 9 = _____	9 x 6 = _____	12 x 9 = _____	45 ÷ 9 = _____
0 x 9 = _____	9 x 9 = _____	2 x 9 = _____	81 ÷ 9 = _____
9 x 10 = _____	7 x 9 = _____	4 x 9 = _____	45 ÷ 9 = _____
11 x 9 = _____	5 x 9 = _____	9 x 6 = _____	90 ÷ 9 = _____
9 x1 = _____	8 x 9 = _____	9 x 4 = _____	72 ÷ 9 = _____
5 x 9 = _____	6 x 9 = _____	9 x 8 = _____	36 ÷ 9 = _____
9 x 2 = _____	9 x 8 = _____	3 x 9 = _____	108 ÷ 9 = _____
9 x 12 = _____	9 x 5 = _____	9 x 2 = _____	72 ÷ 9 = _____
9 x 11 = _____	9 x 3 = _____	9 x 11 = _____	9 ÷ 1 = _____
9 x 7 = _____	9 x1 = _____	1 x 9 = _____	54 ÷ 9 = _____
6 x 9 = _____	2 x 9 = _____	7 x 9 = _____	63 ÷ 9 = _____
1 x 9 = _____	9 x 9 = _____	9 x 3 = _____	99 ÷ 9 = _____
9 x 3 = _____	3 x 9 = _____	9 x 9 = _____	9 ÷ 9 = _____
9 x 8 = _____	0 x 9 = _____	9 x 7 = _____	27 ÷ 9 = _____
4 x 9 = _____	9 x 10 = _____	9 x1 = _____	9 ÷ 9 = _____
9 x 5 = _____	11 x 9 = _____	8 x 9 = _____	81 ÷ 9 = _____
9 x 4 = _____	9 x 2 = _____	0 x 9 = _____	99 ÷ 9 = _____
10 x 9 = _____	4 x 9 = _____	9 x 5 = _____	18 ÷ 9 = _____
8 x 9 = _____	9 x 12 = _____	11 x 9 = _____	27 ÷ 9 = _____
3 x 9 = _____	9 x 4 = _____	5 x 9 = _____	108 ÷ 9 = _____
2 x 9 = _____	1 x 9 = _____	9 x 10 = _____	90 ÷ 9 = _____
Score = $\frac{}{25}$	Score = $\frac{}{25}$	Score = $\frac{}{25}$	Score = $\frac{}{25}$

7, 8 and 9 Times Tables – Practice

Exercise 51

5 x 8 = _____
5 x 7 = _____
3 x 9 = _____
2 x 7 = _____
6 x 7 = _____
8 x 7 = _____
7 x 9 = _____
8 x 8 = _____
7 x 8 = _____
10 x 8 = _____
12 x 8 = _____
2 x 8 = _____
6 x 9 = _____
7 x 7 = _____
4 x 9 = _____
2 x 9 = _____
12 x 9 = _____
11 x 8 = _____
1 x 8 = _____
9 x 8 = _____
10 x 7 = _____
3 x 8 = _____
1 x 9 = _____
9 x 7 = _____
11 x 7 = _____

Score = __ / 25

Exercise 52

4 x 7 = _____
1 x 7 = _____
10 x 9 = _____
4 x 8 = _____
8 x 9 = _____
9 x 9 = _____
6 x 8 = _____
12 x 7 = _____
5 x 9 = _____
11 x 9 = _____
3 x 7 = _____
12 x 7 = _____
4 x 9 = _____
6 x 7 = _____
5 x 8 = _____
4 x 8 = _____
2 x 8 = _____
9 x 7 = _____
9 x 9 = _____
1 x 8 = _____
8 x 8 = _____
7 x 9 = _____
5 x 7 = _____
1 x 9 = _____
2 x 7 = _____

Score = __ / 25

Exercise 53

10 x 8 = _____
11 x 8 = _____
8 x 9 = _____
3 x 9 = _____
3 x 7 = _____
7 x 8 = _____
11 x 9 = _____
6 x 8 = _____
12 x 9 = _____
9 x 8 = _____
10 x 7 = _____
6 x 9 = _____
1 x 7 = _____
7 x 7 = _____
5 x 9 = _____
11 x 7 = _____
10 x 9 = _____
8 x 7 = _____
12 x 8 = _____
4 x 7 = _____
2 x 9 = _____
3 x 8 = _____
4 x 7 = _____
12 x 9 = _____
7 x 8 = _____

Score = __ / 25

Exercise 54

77 ÷ 7 = _____
21 ÷ 7 = _____
18 ÷ 9 = _____
42 ÷ 7 = _____
24 ÷ 8 = _____
56 ÷ 7 = _____
99 ÷ 9 = _____
63 ÷ 9 = _____
84 ÷ 7 = _____
27 ÷ 9 = _____
72 ÷ 8 = _____
96 ÷ 8 = _____
32 ÷ 8 = _____
81 ÷ 9 = _____
8 ÷ 8 = _____
14 ÷ 7 = _____
64 ÷ 8 = _____
70 ÷ 7 = _____
40 ÷ 8 = _____
49 ÷ 7 = _____
90 ÷ 9 = _____
63 ÷ 7 = _____
88 ÷ 8 = _____
7 ÷ 7 = _____
108 ÷ 9 = _____

Score = __ / 25

7, 8 and 9 Times Tables – Word Problems

<u>Exercise 55</u>

1. Namit has 84 game cards. If he shares them equally between himself and 6 friends, how many cards will they each get? _____

2. A 1 liter bottle of lemonade can fill 7 cups. How many bottles are needed to fill 56 cups? _____

3. The Achieve Primary School is putting on a school play. 4 children will be chosen from each of 8 classes. How many students will be in the play? _____

4. The Achieve Primary School had an awards assembly. From 9 of the 27 awards were given. How many awards were given to each class? _____

5. Liam is very quick at doing times table questions. If he can complete 63 questions in 9 minutes, how many questions can he complete in 1 minute? _____

6. Justin likes reading. For his birthday he was given a detective book. If he reads 8 pages each day, how many pages will he read in 7 days? _____

7. John loves going for bike rides. If he can ride 9 miles in 1 hour, how many hours will it take John to ride 45 miles? _____

8. Two friends counted the loose change they had for a charity collection. Priya had 8 dollars. Harjot had 6 times as much as Priya. How much did Harjot have? _____

9. One box holds 6 packages. Each package holds 2 drinks. How many drinks in 8 boxes? _____

10. Julia and Irina are baking muffins. If they bake six lots of 12 muffins, then share them among 9 people. How many muffins will each person get? _____

Score = $\frac{}{10}$

Progress so far

You're nearly there. Only four more times table facts to learn. ☺

One	Two	Three	Four
1 x 1 = 1	1 x 2 = 2	1 x 3 = 3	1 x 4 = 4
2 x 1 = 2	2 x 2 = 4	2 x 3 = 6	2 x 4 = 8
3 x 1 = 3	3 x 2 = 6	3 x 3 = 9	3 x 4 = 12
4 x 1 = 4	4 x 2 = 8	4 x 3 = 12	4 x 4 = 16
5 x 1 = 5	5 x 2 = 10	5 x 3 = 15	5 x 4 = 20
6 x 1 = 6	6 x 2 = 12	6 x 3 = 18	6 x 4 = 24
7 x 1 = 7	7 x 2 = 14	7 x 3 = 21	7 x 4 = 28
8 x 1 = 8	8 x 2 = 16	8 x 3 = 24	8 x 4 = 32
9 x 1 = 9	9 x 2 = 18	9 x 3 = 27	9 x 4 = 36
10 x 1 = 10	10 x 2 = 20	10 x 3 = 30	10 x 4 = 40
11 x 1 = 11	11 x 2 = 22	11 x 3 = 33	11 x 4 = 44
12 x 1 = 12	12 x 2 = 24	12 x 3 = 36	12 x 4 = 48

Five	Six	Seven	Eight
1 x 5 = 5	1 x 6 = 6	1 x 7 = 7	1 x 8 = 8
2 x 5 = 10	2 x 6 = 12	2 x 7 = 14	2 x 8 = 16
3 x 5 = 15	3 x 6 = 18	3 x 7 = 21	3 x 8 = 24
4 x 5 = 20	4 x 6 = 24	4 x 7 = 28	4 x 8 = 32
5 x 5 = 25	5 x 6 = 30	5 x 7 = 35	5 x 8 = 40
6 x 5 = 30	6 x 6 = 36	6 x 7 = 42	6 x 8 = 48
7 x 5 = 35	7 x 6 = 42	7 x 7 = 49	7 x 8 = 56
8 x 5 = 40	8 x 6 = 48	8 x 7 = 56	8 x 8 = 64
9 x 5 = 45	9 x 6 = 54	9 x 7 = 63	9 x 8 = 72
10 x 5 = 50	10 x 6 = 60	10 x 7 = 70	10 x 8 = 80
11 x 5 = 55	11 x 6 = 66	11 x 7 = 77	11 x 8 = 88
12 x 5 = 60	12 x 6 = 72	12 x 7 = 84	12 x 8 = 96

Nine	Ten	Eleven	Twelve
1 x 9 = 9	1 x 10 = 10	1 x 11 = 11	1 x 12 = 12
2 x 9 = 18	2 x 10 = 20	2 x 11 = 22	2 x 12 = 24
3 x 9 = 27	3 x 10 = 30	3 x 11 = 33	3 x 12 = 36
4 x 9 = 36	4 x 10 = 40	4 x 11 = 44	4 x 12 = 48
5 x 9 = 45	5 x 10 = 50	5 x 11 = 55	5 x 12 = 60
6 x 9 = 54	6 x 10 = 60	6 x 11 = 66	6 x 12 = 72
7 x 9 = 63	7 x 10 = 70	7 x 11 = 77	7 x 12 = 84
8 x 9 = 72	8 x 10 = 80	8 x 11 = 88	8 x 12 = 96
9 x 9 = 81	9 x 10 = 90	9 x 11 = 99	9 x 12 = 108
10 x 9 = 90	10 x 10 = 100	10 x 11 = 110	10 x 12 = 120
11 x 9 = 99	11 x 10 = 110	11 x 11 = 121	11 x 12 = 132
12 x 9 = 108	12 x 10 = 120	12 x 11 = 132	12 x 12 = 144

Turn the page for the eleven and twelve times tables.

Eleven Times Tables – Write, Cover, Check

For the first nine of the eleven times table all you need to do is take the number you are multiplying and write it twice. For example 7 x 11 = ? the number I am multiplying by eleven is seven, so I write the digit seven twice, giving me the answer of 77. You already know that when you multiply a number by 10 you add a zero (10 x 11 = 110). So, this leaves two to learn (11 x 11 and 11 x 12).

1 x 11 = 11	_____	_____	11 ÷ 11= _____
2 x 11 = 22	_____	_____	22 ÷ 11= _____
3 x 11 = 33	_____	_____	33 ÷ 11= _____
4 x 11 = 44	_____	_____	44 ÷ 11= _____
5 x 11 = 55	_____	_____	55 ÷ 11= _____
6 x 11 = 66	_____	_____	66 ÷ 11= _____
7 x 11 = 77	_____	_____	77 ÷ 11= _____
8 x 11 = 88	_____	_____	88 ÷ 11= _____
9 x 11 = 99	_____	_____	99 ÷ 11= _____
10 x 11 = 110	_____	_____	110 ÷ 11= _____
11 x 11 = 121	_____	_____	121 ÷ 11= _____
12 x 11 = 132	_____	_____	132 ÷ 11= _____

Score = $\frac{}{12}$ Score = $\frac{}{12}$

Eleven Times Tables – Practice

Exercise 56

10 x 11 = _____
11 x 2 = _____
8 x 11 = _____
11 x 7 = _____
11 x 11 = _____
11 x 6 = _____
1 x 11 = _____
3 x 11 = _____
12 x 11 = _____
6 x 11 = _____
11 x 5 = _____
11 x1 = _____
2 x 11 = _____
9 x 11 = _____
11 x 8 = _____
4 x 11 = _____
11 x 11 = _____
11 x 10 = _____
7 x 11 = _____
11 x 12 = _____
0 x 11 = _____
5 x 11 = _____
11 x 4 = _____
11 x 9 = _____
11 x 3 = _____

Score = $\frac{}{25}$

Exercise 57

11 x 10 = _____
4 x 11 = _____
11 x 12 = _____
8 x 11 = _____
11 x 9 = _____
11 x1 = _____
7 x 11 = _____
11 x 3 = _____
12 x 11 = _____
11 x 6 = _____
11 x 11 = _____
11 x 8 = _____
11 x 7 = _____
1 x 11 = _____
11 x 2 = _____
11 x 4 = _____
6 x 11 = _____
10 x 11 = _____
2 x 11 = _____
3 x 11 = _____
9 x 11 = _____
11 x 5 = _____
5 x 11 = _____
0 x 11 = _____
11 x 11 = _____

Score = $\frac{}{25}$

Exercise 58

11 x 2 = _____
11 x 5 = _____
11 x1 = _____
3 x 11 = _____
11 x 12 = _____
11 x 4 = _____
5 x 11 = _____
11 x 6 = _____
11 x 11 = _____
11 x 10 = _____
9 x 11 = _____
11 x 8 = _____
11 x 7 = _____
11 x 11 = _____
11 x 8 = _____
7 x 11 = _____
1 x 11 = _____
4 x 11 = _____
0 x 11 = _____
11 x 3 = _____
12 x 11 = _____
10 x 11 = _____
6 x 11 = _____
2 x 11 = _____
11 x 9 = _____

Score = $\frac{}{25}$

Exercise 59

33 ÷ 11 = _____
121 ÷ 11 = _____
132 ÷ 11 = _____
110 ÷ 11 = _____
11 ÷ 11 = _____
11 ÷ 1 = _____
44 ÷ 11 = _____
55 ÷ 11 = _____
77 ÷ 11 = _____
11 ÷ 11 = _____
22 ÷ 11 = _____
66 ÷ 11 = _____
55 ÷ 11 = _____
33 ÷ 11 = _____
22 ÷ 11 = _____
132 ÷ 11 = _____
110 ÷ 11 = _____
66 ÷ 11 = _____
88 ÷ 11 = _____
77 ÷ 11 = _____
44 ÷ 11 = _____
88 ÷ 11 = _____
99 ÷ 11 = _____
121 ÷ 11 = _____
99 ÷ 11 = _____

Score = $\frac{}{25}$

Twelve Times Tables – Write, Cover, Check

You have already learned all of this times table, except for 12 x 12 which is 144.

1 x 12 = 12	_____	_____	12 ÷ 12 = _____
2 x 12 = 24	_____	_____	24 ÷ 12 = _____
3 x 12 = 36	_____	_____	36 ÷ 12 = _____
4 x 12 = 48	_____	_____	48 ÷ 12 = _____
5 x 12 = 60	_____	_____	60 ÷ 12 = _____
6 x 12 = 72	_____	_____	72 ÷ 12 = _____
7 x 12 = 84	_____	_____	84 ÷ 12 = _____
8 x 12 = 96	_____	_____	96 ÷ 12 = _____
9 x 12 = 108	_____	_____	108 ÷ 12 = _____
10 x 12 = 120	_____	_____	120 ÷ 12 = _____
11 x 12 = 132	_____	_____	132 ÷ 12 = _____
12 x 12 = 144	_____	_____	144 ÷ 12 = _____

$$\text{Score} = \frac{}{12} \qquad \text{Score} = \frac{}{12}$$

Twelve Times Tables – Practice

Exercise 60

11 x 12 = _____
9 x 12 = _____
12 x 10 = _____
2 x 12 = _____
6 x 12 = _____
12 x 3 = _____
12 x 2 = _____
10 x 12 = _____
12 x 4 = _____
12 x 8 = _____
12 x 12 = _____
12 x1 = _____
12 x 7 = _____
3 x 12 = _____
12 x 9 = _____
12 x 12 = _____
1 x 12 = _____
7 x 12 = _____
12 x 5 = _____
0 x 12 = _____
12 x 11 = _____
5 x 12 = _____
8 x 12 = _____
12 x 6 = _____
4 x 12 = _____

Score = ___
       25

Exercise 61

12 x1 = _____
12 x 3 = _____
0 x 12 = _____
5 x 12 = _____
4 x 12 = _____
3 x 12 = _____
12 x 10 = _____
2 x 12 = _____
12 x 12 = _____
6 x 12 = _____
1 x 12 = _____
7 x 12 = _____
9 x 12 = _____
8 x 12 = _____
12 x 12 = _____
12 x 8 = _____
12 x 9 = _____
10 x 12 = _____
12 x 7 = _____
12 x 2 = _____
12 x 11 = _____
12 x1 = _____
12 x 3 = _____
0 x 12 = _____
5 x 12 = _____

Score = ___
       25

Exercise 62

10 x 12 = _____
4 x 12 = _____
7 x 12 = _____
6 x 12 = _____
12 x 5 = _____
12 x1 = _____
12 x 10 = _____
2 x 12 = _____
0 x 12 = _____
12 x 4 = _____
12 x 11 = _____
8 x 12 = _____
3 x 12 = _____
12 x 7 = _____
12 x 4 = _____
11 x 12 = _____
9 x 12 = _____
1 x 12 = _____
5 x 12 = _____
12 x 6 = _____
12 x 2 = _____
12 x 8 = _____
4 x 12 = _____
7 x 12 = _____
6 x 12 = _____

Score = ___
       25

Exercise 63

60 ÷ 12 = _____
84 ÷ 12 = _____
72 ÷ 12 = _____
36 ÷ 12 = _____
108 ÷ 12 = _____
84 ÷ 12 = _____
24 ÷ 12 = _____
48 ÷ 12 = _____
120 ÷ 12 = _____
96 ÷ 12 = _____
60 ÷ 12 = _____
12 ÷ 1 = _____
108 ÷ 12 = _____
12 ÷ 12 = _____
96 ÷ 12 = _____
132 ÷ 12 = _____
36 ÷ 12 = _____
144 ÷ 12 = _____
132 ÷ 12 = _____
12 ÷ 12 = _____
48 ÷ 12 = _____
24 ÷ 12 = _____
72 ÷ 12 = _____
144 ÷ 12 = _____
120 ÷ 12 = _____

Score = ___
       25

11 and 12 Times Tables – Practice

Exercise 64	Exercise 65	Exercise 66	Exercise 67
9 x 12 = _____	11 x 12 = _____	6 x 11 = _____	33 ÷ 11 = _____
2 x 11 = _____	3 x 11 = _____	11 x 12 = _____	24 ÷ 12 = _____
6 x 11 = _____	7 x 11 = _____	10 x 11 = _____	120 ÷ 12 = _____
8 x 12 = _____	12 x 11 = _____	5 x 11 = _____	132 ÷ 11 = _____
5 x 11 = _____	6 x 12 = _____	2 x 12 = _____	121 ÷ 11 = _____
3 x 11 = _____	8 x 12 = _____	3 x 12 = _____	88 ÷ 11 = _____
1 x 12 = _____	6 x 11 = _____	2 x 11 = _____	99 ÷ 11 = _____
12 x 11 = _____	9 x 11 = _____	3 x 11 = _____	48 ÷ 12 = _____
7 x 11 = _____	2 x 12 = _____	9 x 12 = _____	11 ÷ 11 = _____
7 x 12 = _____	5 x 12 = _____	7 x 11 = _____	22 ÷ 11 = _____
4 x 11 = _____	1 x 12 = _____	5 x 12 = _____	132 ÷ 12 = _____
5 x 12 = _____	7 x 12 = _____	1 x 12 = _____	144 ÷ 12 = _____
10 x 12 = _____	2 x 11 = _____	11 x 11 = _____	36 ÷ 12 = _____
10 x 11 = _____	5 x 11 = _____	6 x 12 = _____	108 ÷ 12 = _____
11 x 11 = _____	10 x 11 = _____	8 x 12 = _____	72 ÷ 12 = _____
0 x 12 = _____	11 x 11 = _____	9 x 11 = _____	84 ÷ 12 = _____
2 x 12 = _____	8 x 11 = _____	7 x 12 = _____	110 ÷ 11 = _____
3 x 12 = _____	12 x 12 = _____	10 x 12 = _____	12 ÷ 1 = _____
11 x 12 = _____	9 x 12 = _____	4 x 11 = _____	12 ÷ 12 = _____
9 x 11 = _____	1 x 11 = _____	1 x 11 = _____	44 ÷ 11 = _____
6 x 12 = _____	3 x 12 = _____	0 x 12 = _____	60 ÷ 12 = _____
8 x 11 = _____	4 x 11 = _____	8 x 11 = _____	96 ÷ 12 = _____
1 x 11 = _____	0 x 12 = _____	12 x 11 = _____	77 ÷ 11 = _____
12 x 12 = _____	4 x 12 = _____	4 x 12 = _____	55 ÷ 11 = _____
4 x 12 = _____	10 x 12 = _____	12 x 12 = _____	66 ÷ 11 = _____
Score = $\frac{}{25}$	Score = $\frac{}{25}$	Score = $\frac{}{25}$	Score = $\frac{}{25}$

11 and 12 Times Tables – Word Problems

Exercise 68

1. A chef needs 84 eggs. How many dozen eggs does he need to buy? (a dozen = 12) _____

2. If Giacomo can pick 10 apples in a minute. How many apples can he pick in 12 minutes? _____

3. The Achieve Primary School is having a school fair. One stall is selling cupcakes for 12 cents each. How much would it cost for 4 cupcakes? _____

4. The Achieve Primary School has 3 football teams. Each football team has 11 players. When all the football teams go to an interschool tournament, how many students are missing from classes because they are playing football? _____

5. Lucy finds the 11 times table easy and can answer 121 questions in 11 minutes. How many questions can she answer in 1 minute? _____

6. Zecharia has 96 chocolates to put in party bags for his friends. If he needs to make up 12 party bags, what is the largest number of chocolates that he can put in each bag?_____

7. There are 36 students in Zoe's class. Party cakes come in packages of 12. How many packages does Zoe need if she gives 1 party cake to each student? _____

8. Three friends counted the number of cars that go past their school in an hour. They did this 12 times and get a total of 108. How many cars passed each time? _____

9. There are 12 strawberries in a quart. How many strawberries are there in 6 quarts?_____

10. An airplane has 12 rows of seats. Each row has 4 seats in the middle section and 2 on each side (by the window). How many seats are there? _____

Score = $\frac{}{10}$

Congratulations

You have now learned all your times tables.

One	Two	Three	Four
1 x 1 = 1	1 x 2 = 2	1 x 3 = 3	1 x 4 = 4
2 x 1 = 2	2 x 2 = 4	2 x 3 = 6	2 x 4 = 8
3 x 1 = 3	3 x 2 = 6	3 x 3 = 9	3 x 4 = 12
4 x 1 = 4	4 x 2 = 8	4 x 3 = 12	4 x 4 = 16
5 x 1 = 5	5 x 2 = 10	5 x 3 = 15	5 x 4 = 20
6 x 1 = 6	6 x 2 = 12	6 x 3 = 18	6 x 4 = 24
7 x 1 = 7	7 x 2 = 14	7 x 3 = 21	7 x 4 = 28
8 x 1 = 8	8 x 2 = 16	8 x 3 = 24	8 x 4 = 32
9 x 1 = 9	9 x 2 = 18	9 x 3 = 27	9 x 4 = 36
10 x 1 = 10	10 x 2 = 20	10 x 3 = 30	10 x 4 = 40
11 x 1 = 11	11 x 2 = 22	11 x 3 = 33	11 x 4 = 44
12 x 1 = 12	12 x 2 = 24	12 x 3 = 36	12 x 4 = 48

Five	Six	Seven	Eight
1 x 5 = 5	1 x 6 = 6	1 x 7 = 7	1 x 8 = 8
2 x 5 = 10	2 x 6 = 12	2 x 7 = 14	2 x 8 = 16
3 x 5 = 15	3 x 6 = 18	3 x 7 = 21	3 x 8 = 24
4 x 5 = 20	4 x 6 = 24	4 x 7 = 28	4 x 8 = 32
5 x 5 = 25	5 x 6 = 30	5 x 7 = 35	5 x 8 = 40
6 x 5 = 30	6 x 6 = 36	6 x 7 = 42	6 x 8 = 48
7 x 5 = 35	7 x 6 = 42	7 x 7 = 49	7 x 8 = 56
8 x 5 = 40	8 x 6 = 48	8 x 7 = 56	8 x 8 = 64
9 x 5 = 45	9 x 6 = 54	9 x 7 = 63	9 x 8 = 72
10 x 5 = 50	10 x 6 = 60	10 x 7 = 70	10 x 8 = 80
11 x 5 = 55	11 x 6 = 66	11 x 7 = 77	11 x 8 = 88
12 x 5 = 60	12 x 6 = 72	12 x 7 = 84	12 x 8 = 96

Nine	Ten	Eleven	Twelve
1 x 9 = 9	1 x 10 = 10	1 x 11 = 11	1 x 12 = 12
2 x 9 = 18	2 x 10 = 20	2 x 11 = 22	2 x 12 = 24
3 x 9 = 27	3 x 10 = 30	3 x 11 = 33	3 x 12 = 36
4 x 9 = 36	4 x 10 = 40	4 x 11 = 44	4 x 12 = 48
5 x 9 = 45	5 x 10 = 50	5 x 11 = 55	5 x 12 = 60
6 x 9 = 54	6 x 10 = 60	6 x 11 = 66	6 x 12 = 72
7 x 9 = 63	7 x 10 = 70	7 x 11 = 77	7 x 12 = 84
8 x 9 = 72	8 x 10 = 80	8 x 11 = 88	8 x 12 = 96
9 x 9 = 81	9 x 10 = 90	9 x 11 = 99	9 x 12 = 108
10 x 9 = 90	10 x 10 = 100	10 x 11 = 110	10 x 12 = 120
11 x 9 = 99	11 x 10 = 110	11 x 11 = 121	11 x 12 = 132
12 x 9 = 108	12 x 10 = 120	12 x 11 = 132	12 x 12 = 144

Turn the page for some mixed practice.

Mixed Times Tables – Practice

Exercise 69

6 x 5 = _____
8 x 2 = _____
10 x 2 = _____
12 x 7 = _____
1 x 5 = _____
2 x 7 = _____
11 x 9 = _____
9 x 8 = _____
12 x 5 = _____
9 x 9 = _____
6 x 12 = _____
12 x 8 = _____
8 x 6 = _____
4 x 12 = _____
11 x 6 = _____
4 x 4 = _____
1 x 7 = _____
2 x 4 = _____
10 x 10 = _____
11 x 10 = _____
9 x 4 = _____
7 x 9 = _____
8 x 8 = _____
7 x 6 = _____
12 x 3 = _____

Score = ___
        25

Exercise 70

10 x 8 = _____
5 x 10 = _____
5 x 8 = _____
9 x 6 = _____
9 x 3 = _____
4 x 2 = _____
7 x 8 = _____
10 x 3 = _____
8 x 11 = _____
12 x 6 = _____
9 x 7 = _____
1 x 3 = _____
12 x 11 = _____
5 x 4 = _____
3 x 9 = _____
8 x 5 = _____
4 x 5 = _____
5 x 12 = _____
12 x 2 = _____
4 x 9 = _____
4 x 11 = _____
3 x 4 = _____
1 x 10 = _____
1 x 11 = _____
4 x 8 = _____

Score = ___
        25

Exercise 71

6 x 8 = _____
5 x 2 = _____
3 x 6 = _____
12 x 12 = _____
6 x 3 = _____
5 x 6 = _____
3 x 3 = _____
2 x 12 = _____
10 x 4 = _____
7 x 5 = _____
5 x 7 = _____
3 x 10 = _____
6 x 6 = _____
9 x 10 = _____
3 x 8 = _____
1 x 2 = _____
3 x 5 = _____
11 x 5 = _____
7 x 4 = _____
7 x 10 = _____
1 x 6 = _____
10 x 12 = _____
1 x 8 = _____
7 x 3 = _____
8 x 7 = _____

Score = ___
        25

Exercise 72

6 x 7 = _____
1 x 12 = _____
11 x 8 = _____
11 x 11 = _____
7 x 7 = _____
5 x 3 = _____
2 x 8 = _____
8 x 3 = _____
11 x 12 = _____
2 x 11 = _____
2 x 3 = _____
3 x 7 = _____
2 x 2 = _____
2 x 5 = _____
8 x 12 = _____
7 x 12 = _____
10 x 11 = _____
12 x 4 = _____
5 x 9 = _____
10 x 9 = _____
4 x 7 = _____
7 x 11 = _____
10 x 6 = _____
4 x 3 = _____
7 x 2 = _____

Score = ___
        25

Mixed Times Tables – Division

Exercise 73	Exercise 74	Exercise 75	Exercise 76
$12 \div 4 =$ _____	$144 \div 12 =$ _____	$45 \div 9 =$ _____	$48 \div 8 =$ _____
$6 \div 2 =$ _____	$22 \div 2 =$ _____	$32 \div 4 =$ _____	$21 \div 7 =$ _____
$36 \div 4 =$ _____	$63 \div 9 =$ _____	$54 \div 6 =$ _____	$9 \div 3 =$ _____
$54 \div 9 =$ _____	$32 \div 8 =$ _____	$42 \div 7 =$ _____	$72 \div 9 =$ _____
$121 \div 11 =$ _____	$10 \div 10 =$ _____	$48 \div 4 =$ _____	$60 \div 10 =$ _____
$24 \div 12 =$ _____	$80 \div 10 =$ _____	$50 \div 10 =$ _____	$42 \div 6 =$ _____
$8 \div 4 =$ _____	$30 \div 3 =$ _____	$15 \div 5 =$ _____	$20 \div 2 =$ _____
$20 \div 10 =$ _____	$110 \div 11 =$ _____	$16 \div 2 =$ _____	$40 \div 10 =$ _____
$81 \div 9 =$ _____	$99 \div 9 =$ _____	$72 \div 6 =$ _____	$8 \div 8 =$ _____
$21 \div 3 =$ _____	$90 \div 9 =$ _____	$18 \div 9 =$ _____	$7 \div 7 =$ _____
$48 \div 6 =$ _____	$70 \div 10 =$ _____	$6 \div 6 =$ _____	$16 \div 8 =$ _____
$72 \div 12 =$ _____	$35 \div 5 =$ _____	$66 \div 6 =$ _____	$36 \div 12 =$ _____
$50 \div 5 =$ _____	$60 \div 6 =$ _____	$36 \div 9 =$ _____	$12 \div 3 =$ _____
$25 \div 5 =$ _____	$24 \div 8 =$ _____	$10 \div 2 =$ _____	$84 \div 7 =$ _____
$132 \div 12 =$ _____	$3 \div 3 =$ _____	$22 \div 11 =$ _____	$28 \div 4 =$ _____
$96 \div 12 =$ _____	$96 \div 8 =$ _____	$56 \div 7 =$ _____	$110 \div 10 =$ _____
$11 \div 11 =$ _____	$88 \div 11 =$ _____	$28 \div 7 =$ _____	$55 \div 5 =$ _____
$2 \div 2 =$ _____	$16 \div 4 =$ _____	$70 \div 7 =$ _____	$10 \div 5 =$ _____
$120 \div 10 =$ _____	$40 \div 5 =$ _____	$108 \div 9 =$ _____	$49 \div 7 =$ _____
$44 \div 11 =$ _____	$88 \div 8 =$ _____	$30 \div 6 =$ _____	$27 \div 9 =$ _____
$40 \div 8 =$ _____	$99 \div 11 =$ _____	$36 \div 3 =$ _____	$8 \div 2 =$ _____
$4 \div 4 =$ _____	$48 \div 12 =$ _____	$60 \div 5 =$ _____	$24 \div 6 =$ _____
$18 \div 6 =$ _____	$36 \div 6 =$ _____	$14 \div 7 =$ _____	$44 \div 4 =$ _____
$40 \div 4 =$ _____	$84 \div 12 =$ _____	$80 \div 8 =$ _____	$14 \div 2 =$ _____
$24 \div 4 =$ _____	$90 \div 10 =$ _____	$18 \div 3 =$ _____	$72 \div 8 =$ _____
Score $= \frac{}{25}$	Score $= \frac{}{25}$	Score $= \frac{}{25}$	Score $= \frac{}{25}$

Mixed Times Tables – Word Problems

1. Four friends enjoy playing video games. One of the friends has a party and they all bring along some games. If there are 12 games in total, how many games did each friend bring? _____

2. In 40 minutes 3 friends manage to make 27 cards. How many cards did they make each? _____

3 Ernie gets $10 per month allowance. How much does he get in a year (12 months)? _____

4. Marina and Michael enjoy reading. They both read 2 books each week. How many books do they read between them, in 6 weeks? _____

5. Patricia can read 84 pages in 1 week. If she reads the same amount of pages every day, how many pages does she read each day? _____

6. Lauren and Siobhan each build a chest of 4 drawers. Each drawer requires 12 screws.   How many screws do they need altogether? _____

7. A bag of popcorn contains 56 kernels. If it is shared fairly among 8 people, how many kernels of popcorn will each person get? _____

8. A rhombus has 4 equal sides. How many sides in total, would 6 rhombuses have? _____

9. It takes 4 people 12 minutes to make a model airplane. How long would it take 6 people? _____

10. Alex enjoys playing basketball. If he can shoot 48 goals in 12 minutes, how many goals can he shoot in 3 minutes? _____

Score = $\frac{}{10}$

Mixed Times Tables – Practice

Exercise 78	Exercise 79	Exercise 80	Exercise 81
10 x 8 = _____	2 x 4 = _____	3 x 7 = _____	1 x 8 = _____
9 x 4 = _____	9 x 11 = _____	8 x 4 = _____	9 x 10 = _____
7 x 3 = _____	6 x 11 = _____	7 x 2 = _____	3 x 12 = _____
2 x 3 = _____	7 x 12 = _____	4 x 5 = _____	8 x 12 = _____
6 x 6 = _____	11 x 10 = _____	3 x 10 = _____	4 x 7 = _____
4 x 11 = _____	5 x 11 = _____	2 x 12 = _____	7 x 9 = _____
12 x 2 = _____	8 x 2 = _____	2 x 6 = _____	1 x 11 = _____
11 x 8 = _____	4 x 10 = _____	2 x 11 = _____	9 x 8 = _____
6 x 5 = _____	1 x 4 = _____	12 x 5 = _____	10 x 11 = _____
4 x 6 = _____	9 x 2 = _____	8 x 9 = _____	11 x 2 = _____
4 x 8 = _____	10 x 6 = _____	8 x 5 = _____	6 x 4 = _____
5 x 6 = _____	7 x 6 = _____	7 x 7 = _____	10 x 4 = _____
5 x 10 = _____	4 x 2 = _____	11 x 6 = _____	7 x 4 = _____
11 x 9 = _____	7 x 5 = _____	10 x 3 = _____	1 x 5 = _____
5 x 8 = _____	5 x 3 = _____	12 x 7 = _____	8 x 8 = _____
4 x 12 = _____	9 x 9 = _____	7 x 8 = _____	3 x 9 = _____
3 x 5 = _____	6 x 10 = _____	10 x 10 = _____	9 x 12 = _____
2 x 10 = _____	10 x 12 = _____	5 x 5 = _____	1 x 12 = _____
11 x 4 = _____	3 x 2 = _____	1 x 9 = _____	12 x 4 = _____
9 x 3 = _____	10 x 7 = _____	9 x 6 = _____	8 x 11 = _____
3 x 4 = _____	12 x 10 = _____	5 x 4 = _____	6 x 8 = _____
12 x 12 = _____	5 x 9 = _____	6 x 12 = _____	5 x 7 = _____
8 x 7 = _____	11 x 11 = _____	11 x 7 = _____	10 x 2 = _____
12 x 6 = _____	12 x 8 = _____	1 x 6 = _____	3 x 11 = _____
9 x 7 = _____	11 x 12 = _____	8 x 3 = _____	6 x 3 = _____
Score = $\frac{}{25}$	Score = $\frac{}{25}$	Score = $\frac{}{25}$	Score = $\frac{}{25}$

Mixed Times Tables – Division

Exercise 82

$32 \div 4 =$ _____
$8 \div 8 =$ _____
$30 \div 6 =$ _____
$77 \div 7 =$ _____
$4 \div 2 =$ _____
$88 \div 11 =$ _____
$60 \div 6 =$ _____
$56 \div 7 =$ _____
$56 \div 8 =$ _____
$42 \div 6 =$ _____
$10 \div 10 =$ _____
$33 \div 3 =$ _____
$44 \div 11 =$ _____
$25 \div 5 =$ _____
$121 \div 11 =$ _____
$12 \div 4 =$ _____
$10 \div 2 =$ _____
$40 \div 10 =$ _____
$6 \div 2 =$ _____
$108 \div 12 =$ _____
$22 \div 2 =$ _____
$24 \div 12 =$ _____
$84 \div 7 =$ _____
$66 \div 6 =$ _____
$42 \div 7 =$ _____

Score $= \dfrac{}{25}$

Exercise 83

$21 \div 7 =$ _____
$96 \div 12 =$ _____
$40 \div 5 =$ _____
$144 \div 12 =$ _____
$110 \div 11 =$ _____
$7 \div 7 =$ _____
$21 \div 3 =$ _____
$48 \div 12 =$ _____
$40 \div 4 =$ _____
$27 \div 3 =$ _____
$54 \div 9 =$ _____
$44 \div 4 =$ _____
$72 \div 12 =$ _____
$72 \div 6 =$ _____
$60 \div 5 =$ _____
$100 \div 10 =$ _____
$45 \div 9 =$ _____
$20 \div 4 =$ _____
$64 \div 8 =$ _____
$18 \div 2 =$ _____
$66 \div 11 =$ _____
$30 \div 3 =$ _____
$18 \div 9 =$ _____
$11 \div 11 =$ _____
$20 \div 5 =$ _____

Score $= \dfrac{}{25}$

Exercise 84

$55 \div 5 =$ _____
$16 \div 2 =$ _____
$36 \div 3 =$ _____
$35 \div 5 =$ _____
$15 \div 3 =$ _____
$18 \div 3 =$ _____
$15 \div 5 =$ _____
$24 \div 2 =$ _____
$55 \div 11 =$ _____
$30 \div 10 =$ _____
$88 \div 8 =$ _____
$12 \div 12 =$ _____
$84 \div 12 =$ _____
$48 \div 4 =$ _____
$33 \div 11 =$ _____
$70 \div 10 =$ _____
$3 \div 3 =$ _____
$20 \div 2 =$ _____
$28 \div 4 =$ _____
$36 \div 12 =$ _____
$6 \div 3 =$ _____
$49 \div 7 =$ _____
$40 \div 8 =$ _____
$120 \div 10 =$ _____
$30 \div 5 =$ _____

Score $= \dfrac{}{25}$

Exercise 85

$36 \div 6 =$ _____
$9 \div 9 =$ _____
$63 \div 7 =$ _____
$72 \div 8 =$ _____
$6 \div 6 =$ _____
$28 \div 7 =$ _____
$14 \div 7 =$ _____
$132 \div 11 =$ _____
$81 \div 9 =$ _____
$2 \div 2 =$ _____
$8 \div 4 =$ _____
$77 \div 11 =$ _____
$63 \div 9 =$ _____
$12 \div 2 =$ _____
$96 \div 8 =$ _____
$48 \div 6 =$ _____
$90 \div 10 =$ _____
$80 \div 10 =$ _____
$12 \div 6 =$ _____
$5 \div 5 =$ _____
$60 \div 12 =$ _____
$27 \div 9 =$ _____
$14 \div 2 =$ _____
$24 \div 8 =$ _____
$90 \div 9 =$ _____

Score $= \dfrac{}{25}$

Mixed Times Tables – Word Problems

Exercise 86

1. Chocolate chips cost 5 cents each. How much will 10 cost? _____

2. Together 3 friends have 24 toy cars. How many toy cars does each child have? _____

3. The Achieve Primary School have organized a trip for their gifted and talented students. 4 children will be chosen from each of 12 classes. How many students will be invited to go? _____

4. Apples come in bags of 8. It costs 96 cents for one bag. How much would 2 apples cost? _____

5. Ellen makes jewelry. She can make a necklace in 10 minutes. She needs to make 4 necklaces. How long will it take? _____

6. Brett enjoys fishing. He managed to catch 6 fish an hour. If he spent 8 hours fishing, how many fish did he catch? _____

7. A car travels at 60 miles per hour. How far does the car travel in 10 minutes? (There are 60 minutes in one hour.) _____

8. Charlotte rides her bike to school. Her school is 7 miles from her house. How far does she ride to and from school in 5 days? _____

9. When a group of friends combine their colored pencils, they have 6 sets of 12 pencils. How many pencils do they have altogether? _____

10. Bunmi has a party. She wants enough drinks to fill 8 cups 3 times. If a one liter bottle will fill 6 cups, how many bottles does she need to buy? _____

Score = $\frac{}{10}$

Congratulations!

Times Table Master

For further practice go to www.timestables.info or buy our Times Table Practice book.

Answers

Exercise 1	Exercise 3	Exercise 5	Exercise 7	Exercise 9	Exercise 11
12	14	25	25	120	20
18	6	40	5	70	10
14	16	5	30	80	70
4	4	15	40	50	80
8	16	30	45	20	70
18	10	10	30	100	120
6	20	30	55	60	100
0	22	60	20	30	60
4	18	5	55	70	90
22	12	15	10	40	110
6	10	25	60	90	50
16	8	50	35	10	50
2	4	20	20	50	60
12	14	40	50	120	110
20	20	55	40	100	100
2	24	20	35	40	20
14	18	35	15	110	40
22	8	10	50	60	30
10	6	55	60	0	90
20	22	50	10	90	120
24	24	0	5	10	40
16	2	45	25	20	80
10	12	35	0	80	30
24	2	45	15	110	10
8	0	60	45	30	0

Exercise 2	Exercise 4	Exercise 6	Exercise 8	Exercise 10	Exercise 12
16	10	15	5	10	8
14	7	55	7	30	5
6	2	25	12	50	12
24	9	15	11	120	10
18	6	20	10	30	12
14	1	30	6	90	1
6	4	35	2	40	9
8	11	0	8	50	2
18	5	25	9	110	10
10	10	30	6	60	3
12	4	35	7	20	6
22	3	20	5	70	5
20	2	5	8	40	4
24	8	60	10	70	8
2	11	10	2	100	4
0	12	5	1	0	6
8	8	45	3	10	7
4	2	45	9	100	2
10	6	40	4	20	9
16	5	60	11	80	3
4	1	50	1	120	8
22	7	40	12	80	5
2	9	55	3	60	12
12	12	10	4	90	10
20	3	50	5	110	12

Exercise 13	Exercise 15	Exercise 17	Exercise 19	Exercise 21	Exercise 23
20	2	7	2	20	21
35	30	4	5	24	3
16	12	5	11	35	6
22	15	9	12	9	9
50	10	6	5	16	15
10	22	3	6	15	33
80	110	12	7	5	18
20	20	2	9	90 cents	12
50	60	8	8	55 cents	36
18	10	7	5	5 cents	30
40	25	8	4		12
4	10	5	12		24
40	24	12	8		30
120	55	10	10		24
55	60	11	7		36
14	90	10	3		33
100	4	4	2		27
6	5	11	1		3
60	8	2	3		9
70	16	1	12		6
45	35	8	9		18
30	6	6	9		21
25	50	3	10		0
24	14	4	11		15
10	18	7	1		27

Exercise 14	Exercise 16	Exercise 18	Exercise 20	Exercise 22	Exercise 24
110	10	6	7	0	30
2	14	9	11	18	33
8	30	3	6	9	9
15	40	8	8	6	15
12	100	10	10	30	36
10	10	10	6	9	30
20	24	1	4	27	27
90	70	1	4	3	3
30	12	9	3	33	33
60	30	6	2	36	24
5	20	4	1	3	24
120	20	3	11	15	27
30	60	3	10	18	15
18	8	8	2	33	0
50	10	7	12	12	6
40	2	1	4	21	36
20	50	11	9	15	21
70	120	2	3	6	9
20	25	7	6	24	12
45	6	12	7	27	21
50	40	2	3	36	3
14	20	4	1	21	6
40	50	10	9	12	18
80	5	11	8	30	12
100	15	12	5	24	18

Exercise 25	Exercise 27	Exercise 29	Exercise 31	Exercise 33	Exercise 35
6	20	1	36	8	15
3	36	9	48	11	72
7	8	6	6	7	24
11	48	4	42	1	36
12	12	11	6	10	36
2	44	4	0	6	48
4	8	12	66	5	16
8	40	7	72	9	4
7	16	5	42	6	66
5	4	2	66	3	6
11	32	8	60	11	40
1	28	2	24	4	8
12	24	8	12	2	44
6	32	7	36	5	12
1	12	3	30	9	33
10	20	10	54	12	4
8	44	12	60	1	32
9	4	1	54	7	24
4	28	3	24	2	30
2	40	11	30	12	36
3	0	4	72	10	3
9	48	6	18	3	24
3	24	5	48	4	28
10	16	9	12	8	12
5	36	10	18	6	18

Exercise 26	Exercise 28	Exercise 30	Exercise 32	Exercise 34	Exercise 36
36	40	48	48	24	60
8	24	6	18	8	18
4	36	66	54	6	36
36	16	30	60	9	15
24	36	60	72	24	21
12	24	24	60	54	16
44	12	66	42	27	36
24	0	36	66	18	12
28	20	12	24	44	9
28	32	54	36	28	30
4	28	6	18	33	42
32	8	48	6	36	6
8	28	60	6	30	48
20	20	30	30	12	24
40	12	72	72	42	20
32	40	18	12	30	48
44	8	24	12	21	40
16	44	18	0	3	6
48	4	42	42	12	66
40	44	54	30	18	54
16	16	36	66	48	27
20	48	42	36	60	72
12	48	72	24	12	42
0	4	0	54	32	44
48	32	12	48	20	48

Exercise 37	Exercise 39	Exercise 41	Exercise 43	Exercise 45	Exercise 47
3	42	70	96	24	54
11	35	49	32	16	81
9	70	35	72	40	108
5	49	21	48	80	81
2	28	42	64	88	63
10	63	35	80	32	0
4	0	7	48	64	90
1	77	14	16	16	99
9	7	0	0	48	9
2	35	63	64	72	45
3	42	14	96	80	18
11	14	84	56	96	108
10	56	28	56	8	99
8	84	70	88	56	63
8	28	28	72	96	54
6	70	49	24	8	9
5	21	56	40	64	27
1	7	42	8	32	72
12	77	21	24	88	36
10	56	84	32	56	45
7	63	7	80	48	36
9	84	77	16	24	90
4	14	63	88	0	72
8	21	56	8	40	27
3	49	77	40	72	18

Exercise 38	Exercise 40	Exercise 42	Exercise 44	Exercise 46	Exercise 48
$24.00	14	4	32	8	63
8	63	8	88	10	99
18	21	3	56	4	90
9	7	10	48	12	108
12	35	8	16	6	54
32	35	5	56	5	81
5	56	1	40	2	63
42	28	11	8	3	45
72	70	3	32	7	72
8	21	10	96	10	54
	77	7	64	5	72
	42	9	8	12	45
	84	11	0	8	27
	28	6	48	11	9
	7	2	72	4	18
	70	7	64	11	81
	84	12	96	2	27
	49	5	80	9	0
	56	1	88	6	90
	77	12	80	1	99
	49	6	40	8	18
	63	4	24	7	36
	14	7	72	3	108
	0	2	24	1	36
	42	9	16	9	9

Exercise 49	Exercise 51	Exercise 53	Exercise 55	Exercise 57	Exercise 59
90	40	80	12	110	3
108	35	88	8	44	11
81	27	72	32	132	12
54	14	27	3	88	10
108	42	21	7	99	1
18	56	56	56	11	11
36	63	99	5	77	4
54	64	48	$48	33	5
36	56	108	96	132	7
72	80	72	8	66	1
27	96	70		121	2
18	16	54		88	6
99	54	7		77	5
9	49	49		11	3
63	36	45		22	2
27	18	77		44	12
81	108	90		66	10
63	88	56		110	6
9	8	96		22	8
72	72	28		33	7
0	70	18		99	4
45	24	24		55	8
99	9	28		55	9
45	63	108		0	11
90	77	56		121	9

Exercise 50	Exercise 52	Exercise 54	Exercise 56	Exercise 58	Exercise 60
6	28	11	110	22	132
7	7	3	22	55	108
4	90	2	88	11	120
2	32	6	77	33	24
5	72	3	121	132	72
9	81	8	66	44	36
5	48	11	11	55	24
10	84	7	33	66	120
8	45	12	132	121	48
4	99	3	66	110	96
12	21	9	55	99	144
8	84	12	11	88	12
9	36	4	22	77	84
6	42	9	99	121	36
7	40	1	88	88	108
11	32	2	44	77	144
1	16	8	121	11	12
3	63	10	110	44	84
1	81	5	77	0	60
9	8	7	132	33	0
11	64	10	0	132	132
2	63	9	55	110	60
3	35	11	44	66	96
12	9	1	99	22	72
10	14	12	33	99	48

Exercise 61	Exercise 63	Exercise 65	Exercise 67	Exercise 69	Exercise 71
12	5	132	3	30	48
36	7	33	2	16	10
0	6	77	10	20	18
60	3	132	12	84	144
48	9	72	11	5	18
36	7	96	8	14	30
120	2	66	9	99	9
24	4	99	4	72	24
144	10	24	1	60	40
72	8	60	2	81	35
12	5	12	11	72	35
84	12	84	12	96	30
108	9	22	3	48	36
96	1	55	9	48	90
144	8	110	6	66	24
96	11	121	7	16	2
108	3	88	10	7	15
120	12	144	12	8	55
84	11	108	1	100	28
24	1	11	4	110	70
132	4	36	5	36	6
12	2	44	8	63	120
36	6	0	7	64	8
0	12	48	5	42	21
60	10	120	6	36	56

Exercise 62	Exercise 64	Exercise 66	Exercise 68	Exercise 70	Exercise 72
120	108	66	7	80	42
48	22	132	120	50	12
84	66	110	48 cents	40	88
72	96	55	33	54	121
60	55	24	11	27	49
12	33	36	8	8	15
120	12	22	3	56	16
24	132	33	9	30	24
0	77	108	72	88	132
48	84	77	96	72	22
132	44	60		63	6
96	60	12		3	21
36	120	121		132	4
84	110	72		20	10
48	121	96		27	96
132	0	99		40	84
108	24	84		20	110
12	36	120		60	48
60	132	44		24	45
72	99	11		36	90
24	72	0		44	28
96	88	88		12	77
48	11	132		10	60
84	144	48		11	12
72	48	144		32	14

Exercise 73	Exercise 75	Exercise 77	Exercise 79	Exercise 81	Exercise 83
3	5	3	8	8	3
3	8	9	99	90	8
9	9	$120	66	36	8
6	6	24	84	96	12
11	12	12	110	28	10
2	5	96	55	63	1
2	3	7	16	11	7
2	8	24	40	72	4
9	12	8 min	4	110	10
7	2	12	18	22	9
8	1		60	24	6
6	11		42	40	11
10	4		8	28	6
5	5		35	5	12
11	2		15	64	12
8	8		81	27	10
1	4		60	108	5
1	10		120	12	5
12	12		6	48	8
4	5		70	88	9
5	12		120	48	6
1	12		45	35	10
3	2		121	20	2
10	10		96	33	1
6	6		132	18	4

Exercise 74	Exercise 76	Exercise 78	Exercise 80	Exercise 82	Exercise 84
12	6	80	21	8	11
11	3	36	32	1	8
7	3	21	14	5	12
4	8	6	20	11	7
1	6	36	30	2	5
8	7	44	24	8	6
10	10	24	12	10	3
10	4	88	22	8	12
11	1	30	60	7	5
10	1	24	72	7	3
7	2	32	40	1	11
7	3	30	49	11	1
10	4	50	66	4	7
3	12	99	30	5	12
1	7	40	84	11	3
12	11	48	56	3	7
8	11	15	100	5	1
4	2	20	25	4	10
8	7	44	9	3	7
11	3	27	54	9	3
9	4	12	20	11	2
4	4	144	72	2	7
6	11	56	77	12	5
7	7	72	6	11	12
9	9	63	24	6	6

Exercise 85	Exercise 86
6	50 cents
1	8
9	48
9	24 cents
1	40 min
4	48
2	10 miles
12	70 miles
9	72
1	4
2	
7	
7	
6	
12	
8	
9	
8	
2	
1	
5	
3	
7	
3	
10	

www.ingramcontent.com/pod-product-compliance
Lightning Source LLC
Chambersburg PA
CBHW081230020426
42331CB00012B/3107